穿越山野深处

科考博物观察笔记

刘瑛 ◎ 著

清华大学出版社
北京

版权所有，侵权必究。举报：010-62782989，beiqinquan@tup.tsinghua.edu.cn。

图书在版编目(CIP)数据

穿越山野深处：科考博物观察笔记 / 刘瑛著. -- 北京：清华大学出版社，2025.6.
ISBN 978-7-302-69366-6

Ⅰ. N82

中国国家版本馆CIP数据核字第2025BS8916号

责任编辑：刘　杨
封面设计：郭　瑜
责任校对：王淑云
责任印制：丛怀宇

出版发行：清华大学出版社
　　　　　网　　址：https://www.tup.com.cn, https://www.wqxuetang.com
　　　　　地　　址：北京清华大学学研大厦A座　　　　邮　编：100084
　　　　　社 总 机：010-83470000　　　　　　　　　　邮　购：010-62786544
　　　　　投稿与读者服务：010-62776969, c-service@tup.tsinghua.edu.cn
　　　　　质量反馈：010-62772015, zhiliang@tup.tsinghua.edu.cn
印 装 者：小森印刷（北京）有限公司
经　　销：全国新华书店
开　　本：170mm×230mm　　　印　张：15.25　　　字　数：201千字
版　　次：2025年6月第1版　　　　　　　　　　　印　次：2025年6月第1次印刷
定　　价：79.00元

产品编号：107139-01

科学指导委员会

主任：包安明

成员（按姓氏笔画排序）：

马　鸣　王　健　刘　英　许文强　李维东

吴敬禄　张　鑫　张爱勤　郝占庆　钟瑞森

海　鹰　黄　粤　常顺利　管开云　潘伯荣

本图书得到第三次新疆综合科学考察：气候变化背景下的额尔齐斯河流域水土资源安全评估项目（2022xjkk0700）、中国科学院科普专项及中国生态学学会科普能力提升项目支持。

触摸阿尔泰山的脊梁，聆听额尔齐斯河的低语

当微风掠过峰峦，金色的泰加林如波涛般起伏，河水在晨雾中蜿蜒如银练，鸟儿翩跹起舞，鱼儿悄悄洄游，野草和露珠纠缠，秋叶与风霜和鸣。这绝美的景色，让你恍若进入了"神的后花园"——正是阿尔泰山的伟岸和额尔齐斯河的壮阔，共同造就了这般盛景。

翻阅《穿越山野深处：科考博物观察笔记》，这些画面便从文字中升腾起来，跃入眼帘。

横跨中国、哈萨克斯坦、俄罗斯与蒙古四国的阿尔泰山，与横穿中亚大地一路奔赴北冰洋的额尔齐斯河，不仅是地理的分水岭，更是自然与文明交织的史诗。现在，就让我们跟随第三次新疆综合科学考察的科考队员，去触摸阿尔泰山的脊梁，聆听额尔齐斯河的低语，感受这里大地的广袤、生命的丰饶，体悟那专属于亚洲中部的传奇吧！

科考队员的脚步导引我们聚焦的是阿尔泰山和额尔齐斯河奇异的地形地貌与独特的物种品类。《穿越山野深处：科考博物观察笔记》则以优雅的文字和淳美的画面，将这一切精彩呈现。全书分为"山水经""海陆志""鸟兽曲""群芳谱"四个部分。其中，"山水经"和"海陆志"围绕6个地理篇章展开，"鸟兽曲"介绍了10种特色动物，"群芳谱"展示了区域内8种有代表性的植物。

阿尔泰山的诞生，是一场地球运动的恢弘诗篇。数千万年前，喜马拉雅运动的巨力将地壳撕裂，断块如巨龙般沿北西向抬升，塑造出这座绵延2000公里的山脉。冰川是这里最古老的雕刻师，它们以万年为尺，用冰刃刻出U型谷、冰斗与冰碛石，将山体打磨成一部"无字天书"，记录着古气候的变迁与地质的脉动。

若你立于山巅,脚下便是寒光凛凛的现代冰川,远处则可见如波浪般起伏的泰加林——那是北方针叶林在中国的栖身之地,冷杉与落叶松的枝干刺破云霄,仿佛在向天空诉说自然的坚韧。阿尔泰山的每一寸土地,都是生物多样性的圣殿,是寒温带与北极物种交汇的基因宝库。还有绵延千米、遍布山间沟沟坎坎阿尔泰山岩画,近年来也已声名遐迩。那是古代阿尔泰游牧民族的智慧产物,号称"岩壁上的敦煌"。而额尔齐斯河则是阿尔泰山流淌的血脉,这条中国唯一注入北冰洋的河流,以自东向西的逆行姿态,打破了"水往低处流"的常规,在戈壁与群山间开辟出梳状水系的奇迹。它的源头是阿尔泰山南麓的欢快溪流,裹挟着雪水的清洌,穿越546公里的中国疆域,最终穿越哈萨克斯坦和俄罗斯奔向遥远的北冰洋。

第三次新疆综合科学考察,不仅是一次对资源环境的摸家底调查,更是对这些年来这片区域的生态变化、气候变化、环境变化的一次全面了解。其中的"气候变化背景下的额尔齐斯河流域水土资源安全评估"项目,特别对境内外流域生态环境的情况做了全面梳理,这也使得我们能够透过科考看到额尔齐斯河的全貌,知晓它奔赴北冰洋前的境况。

都说"新疆好地方"。我有幸曾多次踏足此地,仅2025年上半年就因公往来4次,多少有些感触,但仍有"看也看不完"之憾。确实,位于祖国西部的新疆地域辽阔,乃是我国面积最大的省区。它深居内陆、远离海洋,气候极端,干旱少雨,夏季炎热、冬季严寒,属于典型的温带大陆性气候。新疆境内山地与盆地相间,从北向南依次是阿尔泰山、天山、昆仑山以及三山之间的准噶尔盆地和塔里木盆地,构成了"三山夹两盆"的基本地貌。这样的地貌格局和干旱区特殊的环境条件,塑造了许多世界罕见的奇特自然景观。由于具有多样复杂的自然环境,且保留有一些较为完整的原生景观,新疆不少隐域性区域可以说在一定程度上已成为许多珍稀动物少有的繁殖地和庇护所。譬如,新疆是当今世界上唯一存在的野生马种的原产地,又是现代野生双峰驼的分布中心。备受人们青睐的珍贵物种如盘羊的9个亚种中,就有6个亚种分布在新疆。新疆还是雪豹、马鹿、伊犁鼠兔、河狸、白头硬尾鸭、阿尔泰雪鸡等珍稀鸟兽的重要栖息繁殖地。本书对上面提到的河狸、阿尔泰雪鸡，就有非常生动、写实的介绍。

最近几年里，接连读到刘瑛出版的几部立足新疆、辐射中亚并逐步涵盖干旱区的科普图书，震撼、惊喜且羡慕，因为她都是以科普作家兼科考队员的身份和视角，去踏足，去观察，去书写；有场景，有实料，有思考。《聆听荒野：荒漠中的生命之美》，呈现了荒漠区生命力顽强的独特物种，铺展开大自然的丰富瑰丽，也揭示出万物生长的神奇奥秘。《旱域探奇湖：亚洲中部干旱区的22个湖泊》，展示了像一块块碧玉镶嵌在辽阔的大地上、见证了地球沧海桑田变化的湖泊以及盘卧在亚洲中部的山脉河流，其中有一些甚至早已消失在历史的烟尘中，成为荒芜地域间的一个个烙印。

《穿越山野深处：科考博物观察笔记》更进一步，用散文诗般的语言，对大自然进行了科学化、知识化和生态化的解读。品读这本书，读者当能铭记阿尔泰山的冰川与额尔齐斯河的银波，更能听见自然无声的教诲：在金山与银水之间，万物皆有其位，文明与荒野从未对立。唯有以谦卑之心凝视这片土地，我们方能读懂它的过去，并书写一个让鸟兽依然奔跑飞翔、让牧歌永不消散的未来。

刘瑛推出的这几部科普力作，从某种程度上讲堪称新疆向外界展示自己的另一张名片，是让人们从自然科学角度认识"新疆好地方"的新视角。它有别于传统文学的文化主张，又深深契合了当代新疆打造"丝绸之路核心区"的愿景，亦可看作是"文化润疆"的生动阐释。身兼新疆科普作家协会副理事长的刘瑛，历经多年躬身实践、积累打磨，渐已进入科普创作佳境，形成了自己独特的书写风格。期待置身于这片神奇土地的她，能写出更多更好的介绍地理风物的好作品，展示不一样的新疆魅力。

尹传红
中国科普作家协会副理事长
国家林业和草原局林草科普首席专家
2025年6月19日

目录

山水经
额尔齐斯河：奔流到海不复回 / 2
阿尔泰山：寒极金山吹暮雪 / 10

海陆志
可可托海：心灵栖息地 / 24
白湖：水墨丹青映深湖 / 36
斋桑泊：亘古荒野落遗珠 / 46
额尔齐斯河与鄂毕河：穿越山岭终相遇 / 58

鸟兽曲
攀雀新疆亚种："情歌王子"与"建筑大师"的混合体 / 74
岩雷鸟：身处苔原也逍遥 / 82
粉红椋鸟：草原牧歌的守护天使 / 90
阿波罗绢蝶：冰河期的孑遗物种 / 100
蒙新河狸：动物界的筑坝高手 / 108
雪兔：亦真亦幻变色兔 / 116
兔狲：荒漠"肥猫"的谜踪 / 126
蓑羽鹤：云中谁寄锦书来？ / 134
阿尔泰雪鸡：险峻峭壁有鸡鸣 / 144
花尾榛鸡：擅长"跳"雪的"飞龙" / 156

群芳谱
北极花：匍匐的木本植物 / 166
阿尔泰金莲花：盛放山谷沐晚风 / 174
中亚鸢尾：盐碱寒区也妖娆 / 182
西伯利亚冷杉：破冰迎雪散芬芳 / 190
西伯利亚花楸：明媚秋色映山谷 / 198
新疆猪牙花：林间松下有奇花 / 206
疣枝桦：秀木临风不惧寒 / 214
黑杨：世界杨树基因库里的"帅哥" / 224

山水经

　　落笔阿尔泰山和额尔齐斯河，其实对我是一种挑战。对于人们的向往之地，该用怎样的方式才能较为完整地呈现其自然属性的肌理？这不是一种文字技巧，而是深刻感悟自然之后的一种表达。

　　这种感悟，需要触摸过山水的深层维度。至少，要呼吸过山谷中骏马牛羊扬起的尘土，要感受过荒野中河湖沼泽泛起的湿气，要聆听过深林中鸟兽蜂蝶发出的鸣叫，要抚摸过河床中岩石沙土粗糙的纹理。或者，至少得梳理一下"金山银水"的脉络，它们包容了什么，延续了什么？而在全面细致讲述阿尔泰山和额尔齐斯河之前，我只能先简述对它们的初体验。

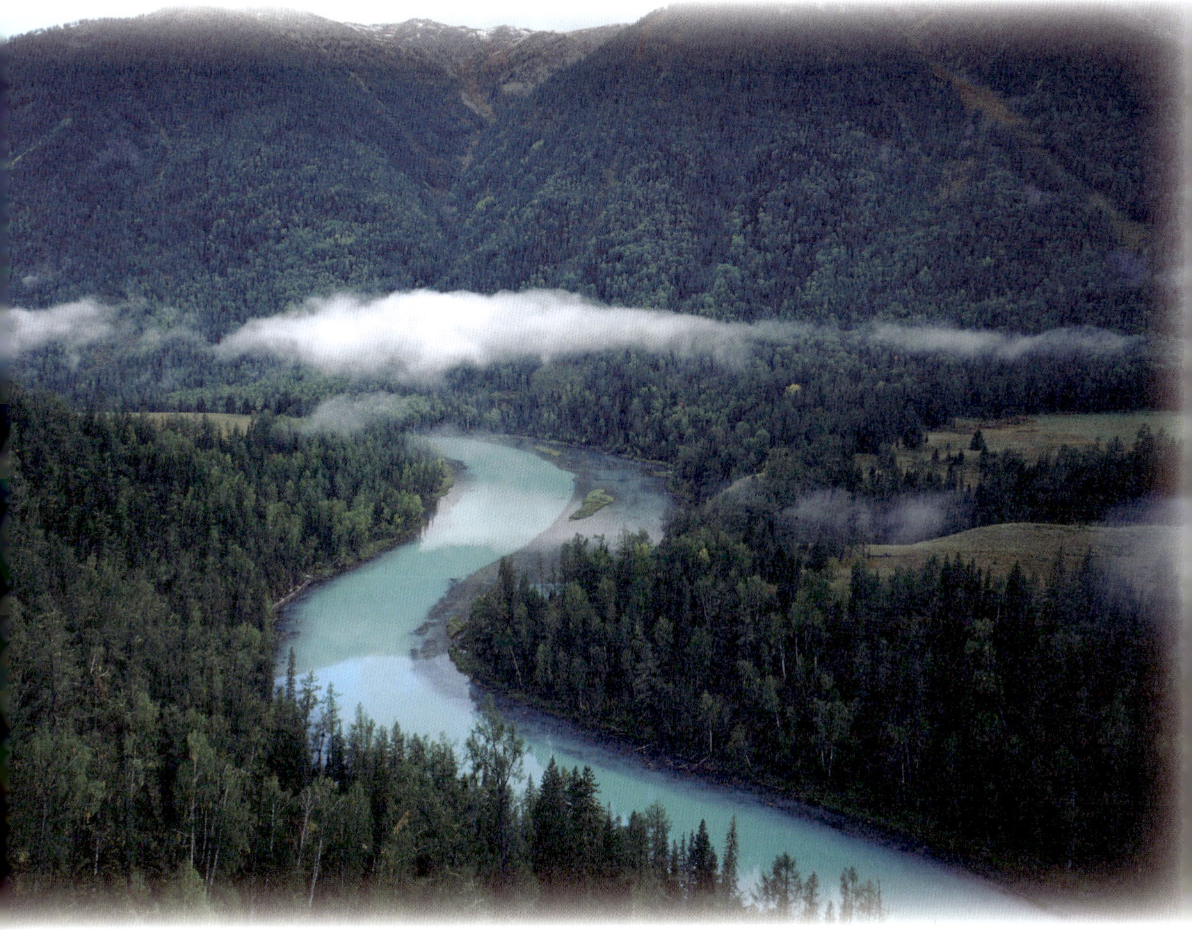

额尔齐斯河：奔流到海不复回

额尔齐斯河像一个少年老成的有志青年，早早就致力于要成为强者，努力延续生命的长度，不断积累生命的厚度。

与塔里木河被称为"无缰的野马"不同，额尔齐斯河一直都是一条规整且"情绪"稳定的河流。沿着相对固定的河道，不断接纳发源于阿尔泰山系的多个支流的汇入，逐步形成一条具有隐隐然气息的大河，带着充足的水量、稳定的"情绪"、包容的"态度"，流淌过哈萨克斯坦国境，穿越西西伯利亚平原，不断接纳新的支流汇入，接着一路北上，最终在俄罗斯的汉特-曼西斯克与鄂毕河相遇，携手共赴北冰洋之约。额尔齐斯河是中国唯一注入北冰洋的河流。

塔里木河则不同，枯水期如涓涓细流般温顺，丰水期就时不时在塔里木盆地里"撒欢"，四处漫溢。我出生在塔里木河畔，奔腾的河水养育了

▲ 额尔齐斯河巴甫洛达尔段　许文强摄

我，也让我见识过它的桀骜不驯。我曾沿着塔里木河一路去往它最后注入的台特玛湖，清楚地知晓它最终那些悲凉的际遇。所以，我在多次跟随科学家前往额尔齐斯河流域开展科学考察的过程中，总会不自觉对比这两条大河。最终形成一点点感悟，情绪稳定和兼容并蓄对一个想要成功的人来说很重要，对一条想要成为国际性大河的河流来说也很重要。

发源于我国境内阿尔泰山南坡的额尔齐斯河，是一条跨界河流，河流全长4248公里，沿途有53条支流源源不断地汇入，多年平均径流量约950亿立方米，可谓水势浩大、河网交织、湖沼成群，最终形成了164.3万平方公里的流域面积，其中，中国、哈萨克斯坦、俄罗斯三国流域面积分别约占3%、30%和67%。也因此，这条河备受国内外关注。

恰逢第三次新疆综合科学考察"气候变化背景下额尔齐斯河流域水土资源安全评估"项目组开展境内外的额尔齐斯河实地调研，我有幸参与其中，跟随科学家全面梳理额尔齐斯河全流域的水资源开发利用情况、生态环境的保护措施，并深度了解重点生态功能区的现状，完成了对额尔齐斯河全流域的生态安全调查评估。也因此机缘，使得我有机会比较全面地去认知这条国际性大河，走近额尔齐斯河流域的湿地、湖泊，了解其穿越了时间和空间的前世今生，以及它周遭的独特生灵。

最初在源头可可托海看到的额尔齐斯河，是一条湍急且欢快的小河，一如无忧无虑的孩童，无心留恋河岸上的优美景色，只管往前奔跑。随后我们一路探寻接纳了克兰河、布尔津河、哈巴河、别列则克河等支流的额尔齐斯河，发现它开始具有大河的气质了。那种稳稳的、隐隐然的气息扑

▲ 额尔齐斯河厄斯克门时内河段　许文强摄

◀ 额尔齐斯河塞米段　许文强摄

▼ 额尔齐斯河、哈巴河入口段河岸　许文强摄

面而来。在探寻的行程中，我在某一瞬间会觉得，额尔齐斯河像一个少年老成的有志青年，早早就致力于要成为强者。所以，早早便领悟了情绪稳定和兼容并蓄的重要性，很早就坚定要努力延续生命的长度，并不断积累生命的厚度。

在逐步成为大河的过程中，额尔齐斯河形成了宽阔且平坦的河谷，两岸不仅次生林密布，还形成了优良的河谷草场，发育了独特的河谷生态系统。也是在这里，我们见到了多株粗壮的百年古树以及世界重要的"野生杨树基因库"。众所周知，杨属植物大多有高耗水的特性，它们能在这里茂盛生长，与额尔齐斯河丰沛的水源供给密切相关。

我们也在这里偶遇了蒙新河狸（*Castor fiber birulai*）、哲罗鱼（*Hucho taimen*）、细鳞鱼（*Brachymystax lenok*）、攀雀新疆亚种（*Remiz pendulinus stoliczkae*）等奇特的生灵。遗憾的是没有看到白北鲑（*Stenodus leucichthys*）——这种原本穿越千山万水到我国额尔齐斯河流域溯河产卵的鲑鱼，2008年被世界自然保护联盟（IUCN）濒危物种红色名录评估为野外绝灭（EW）。此次的探寻，依然无果。

其实一路得知消逝的物种不止于此，有些野生植物也在不知不觉间没了踪影。20世纪50年代以来的大规模水土开发，过度开垦、涸泽而渔、超载放牧等人类活动，对额尔齐斯河流域的生态系统造成巨大威胁，水资源的不合理利用，也使得这里的物种面临各种危机。好在这一切正在改变，一系列保护政策的实施，使得我国境内额尔齐斯河流域的人为活动对生态系统的负面影响得到有效遏制。

额尔齐斯河从新疆阿勒泰的哈巴河县出境，注入哈萨克斯坦的斋桑泊，随后又出湖继续向北流，在穿越哈萨克斯坦的过程中，不断接纳喀奇利尔河、库勒丘姆河、布赫塔尔马河、乌利巴河和乌巴河等支流，这使得额尔齐斯河的水量更加丰沛，成为一条流量巨大且对周围区域生态有着较大影响力的大河。

我们在哈萨克斯坦境内科学考察的行程与额尔齐斯河的流向是相反的，我们逆流而上从巴甫洛达尔正式启程，途经塞米伊、厄斯克门、阿勒泰（济

1 额尔齐斯河布尔津段河床　许文强摄
2 额尔齐斯河斋桑泊上游入口处　许文强摄

良诺夫斯克），最后到达斋桑泊。这种逆行，让我们真实感受到了额尔齐斯河的成长——我们先看到了"中年版"的它，然后倒回去看"青年版"的它，如此，看到了它的成熟，也看到了它的青涩和稚嫩。一路感慨它包容、丰盈且稳健的生命力，也见证了被额尔齐斯河滋养的千里沃野良田。

科考队在沿途64个野外验证点收集到的数据结果，让科学家思考着额尔齐斯河流域未来的发展方向。当几个国家共同拥有一条跨界河流时，需要通过建立国际合作机制，共同制订流域管理计划，推动水资源管理和流域保护举措实施，以实现各国的利益平衡和区域发展。我心里暗忖，如果我们正在执行的这个项目能促成这一合作机制的全面建立和实施，那将是最大的项目成果。

额尔齐斯河进入俄罗斯境内后，伊希姆河、托博尔河、孔达河和发源于阿尔泰山南坡的鄂木河、杰米扬卡河等主要支流先后汇入，一条国际大河的雏形已经形成。酝酿了那么久的气势，终于在它与鄂毕河相会的那一刻迸发出来。宽阔的河面，震撼人心；两河相会之处，水天一色，边际难分，站在河边让人有种"烟波浩渺信难求"的彷徨感。这场穿越千山万水的约定，终究没有辜负额尔齐斯河稳住情绪成为强者的愿望。它与鄂毕河携手向西北划出一条巨大的弧线，穿越狭长的鄂毕湾，奔向了北冰洋，实现了"奔流到海不复回"的壮举。

我的思路回到了最初，如果说情绪稳定和兼容并蓄是成为一条国际性大河的必备品质，那么这条脉络丰富的河流所揭示的，不正是一种万事万物都可以遵循的生存哲学吗？

参考文献

[1] 邓铭江. 金山南面大河流(上)——额尔齐斯河生态保护与水文过程耦合机理研究 [J]. 中国水利, 2023(5): 67-72.

[2] 邓铭江. 金山南面大河流（下）——额尔齐斯河生态调度和生态修复研究与实践 [J]. 中国水利, 2023(17): 67-72.

[3] 胡野匍. 流入北冰洋的额尔齐斯河 [J]. 地球, 2003(6): 32.

阿尔泰山：寒极金山吹暮雪

不同学科专家眼里的阿尔泰山，从不同层面印证了这座亚洲中部山脉的迤逦与独特。

穿越山野深处 科考博物观察笔记

▲ 阿尔泰山脚下多彩绚丽的马尔卡科尔湖　许文强摄

　　山峦之上，阳光穿透雾气，有种湿漉漉的感觉，那柔润的光芒，慵懒且随性。原始松林的阴森，在布谷鸟的鸣叫中，缓和了色调。树脚下的苔草，褪去潮湿的渲染，反射出星星点点的光芒。我眼中的阿尔泰山，美丽且神秘。对它，我总有种意犹未尽的眷恋。

　　阿尔泰山，我来过太多次，但每一次，都仿佛重新认识它一般，发现许多我不曾见过的新奇事物，偶遇许多意想不到的惊喜，当然，也经历许多无法预料的艰辛。

斜跨中国、俄罗斯、哈萨克斯坦、蒙古国四国的阿尔泰山其实并不是一个特别巍峨巨大的山系。它在地图上，呈现出比较明显的西北—东南走向，长不过2000公里，而南北宽也不过250~350公里，海拔更是无法与巍巍昆仑和绮丽天山相提并论，其在我国境内的最高峰友谊峰海拔高度也只有4374公里，在那两个大山系的映衬下，阿尔泰山显得格外低调且内秀。

但从地质学角度看，阿尔泰山和天山都是印度板块与欧亚板块碰撞远程作用下形成的典型现代陆内造山带。但是由于距离汇聚边界更远，阿尔泰山的缩短率只有天山的五分之一，然而在如此小的远程作用之下，阿尔泰山的造山规模却并不亚于天山造山带。

低调内秀并无法阻挡它的光芒与魅力，它依然是人类最向往的世间盛景之一。丰富的地质地貌，塑造了这里的美学价值，喀纳斯湖、可可托海无不体现阿尔泰山景观的独特性；丰沛的水汽，温润了这里的气候，额尔齐斯河畔的一片片河谷林和草场，勾勒出了生命力强劲的画面；而丰盈的生物多样性，汇聚了多个生物区系，组合出千姿百态的物种图景。大自然的馈赠，总能让我在这里与惊喜不期而遇，源源不断地汲取阿尔泰山的养分，充盈在城市中行尸走肉般干瘪的生命。

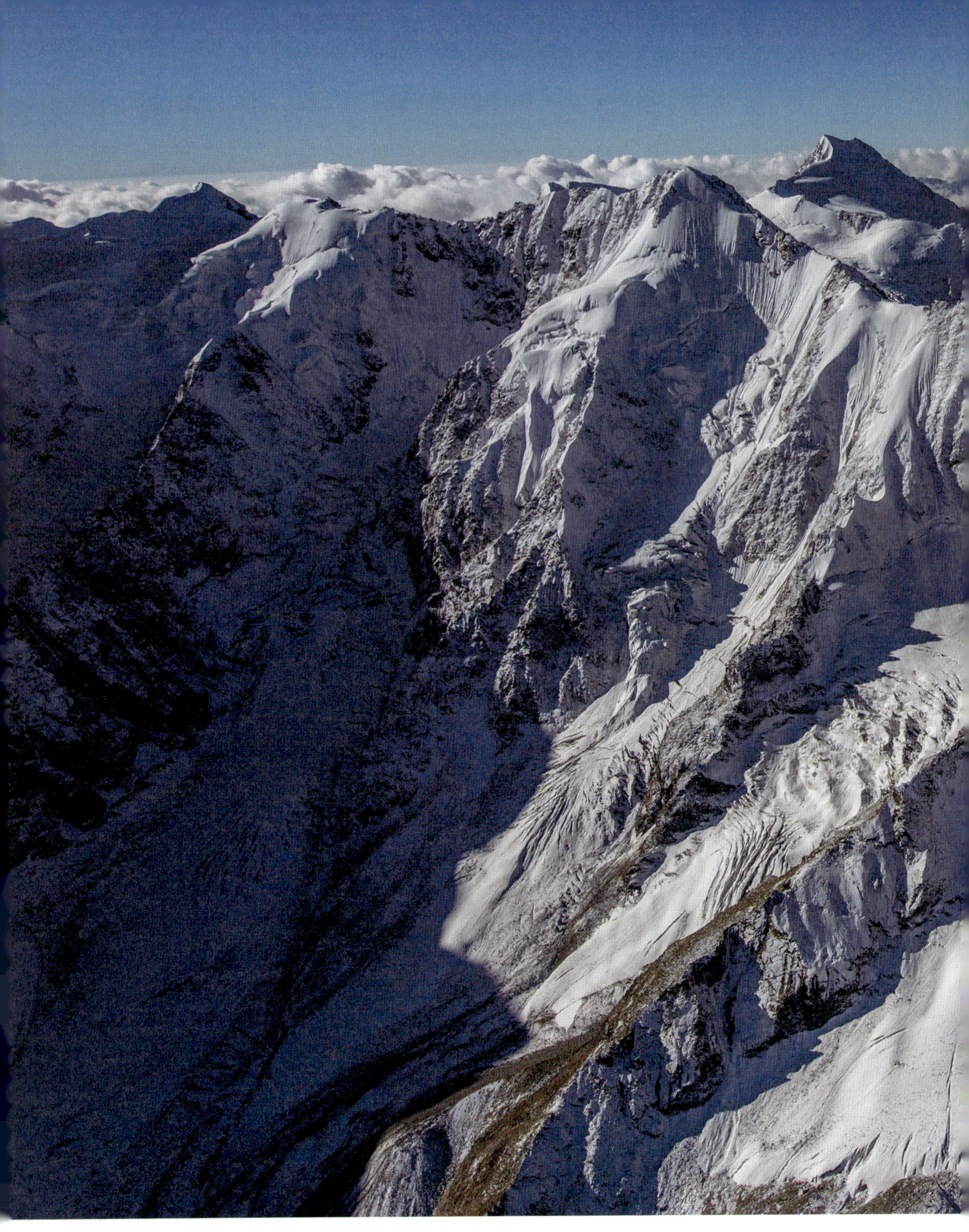

▲ 阿尔泰山是现代冰川百科全书　范书财摄

写阿尔泰山之前，我重新阅读了作家李娟的《阿勒泰的角落》，那些迷人的文字，某一个瞬间会让我忘记，铺展在阿尔泰山区域内的阿勒泰其实有着中国极寒区的艰苦。阿尔泰山南麓的富蕴县，最冷极值曾达到零下52.3℃——这一温度出现在2024年2月18日，一个离我们很近很近的日子。上一次该区域的气温极寒值是零下51.5℃，出现在1960年1月21日。极端恶劣的气候，让这个被藏在角落里的地方多次载入中国气象史。测量到这些极寒温度的地方，是富蕴县吐尔洪乡，下辖17个行政村，辖区人口1.5万。是的，这里有人类居住，而非无人区。我们可以想象一下，蜗居在这里的人们，如何度过那一个个寒冷的冬夜。极寒区的艰苦，即便是在作家李娟的笔下，我们其实也无从真切感受，只能透过文字，粗浅地脑补一下画面。

极端天气不过是阿尔泰山诸多面中的一面，它更为著称于世的是那响当当的"金山"之名。漫长地质演化形成的阿尔泰山，拥有丰富的矿藏，是世界著名的黄金和宝石产区。中外专家从史料中考证，大约在公元前300年，阿尔泰山区域就出现了采金业，在这里居住的普通人的墓葬中，都出现了黄金饰物。公元91年，汉朝始称阿尔泰山为"金微山"，此后，历朝历代的史书中都称阿尔泰山为"金山"。当地的采金业在不同历史时期兴衰有别，但其冶炼技术一直都很发达。

虽然我多次去过阿尔泰山，但还是决定跟着第三次新疆综合科学考察项目组的脚步，换一个角度重新认知这里的山峦、湖泊、草场、河流，也重新了解这里的草木鸟兽、生灵万物。而这种深度的了解和零距离的接触，或许会让我向大家展示一个全新角度的阿尔泰山，但那也只能是我视角下的阿尔泰山。

一千个人眼中，有一千个哈姆雷特；一千个人眼中，或许也有一千种姿态不同的阿尔泰山。与作家眼中千姿百媚、充满温情的阿尔泰山不同，各个不同学科专家眼里的阿尔泰山，从不同层面印证了这座亚洲中部山脉的迤逦与独特。

▲ 别卢哈峰是阿尔泰山脉最高峰，海拔 4506 米，横跨哈萨克斯坦和俄罗斯边界，离大西洋、印度洋和北冰洋距离相等，是额尔齐斯河支流乌尔巴河和鄂毕河支流卡通河的发源地　许文强摄

山水经　阿尔泰山：寒极金山吹暮雪

在历史研究者眼中，阿尔泰山脉是中亚古代游牧文明的摇篮，也是我国北方游牧民族的重要发祥地。各种史前文化遗存证明，围绕着阿尔泰山脉展开的东西方文化交流，早在数万年以前的旧石器时代就已经开始。这里不仅是史前人类大规模迁移的重要通道，也是东西方文明交往、交汇的大通道。

在地理学家眼里，阿尔泰山是一个重要的存在，这里近乎一部现代冰川的"百科全书"，保留了第四纪以来冰川发育演替的完整序列，不仅有着冰川地貌的各种形态，而且在评估全球变暖对山地生态系统的影响方面具有重要意义。特别是发源于阿尔泰山的额尔齐斯河，是水利水文工作者极为关注的河流，它一反"大河向东终归海"的常态，一路西行，接纳了多条河流的注入，在苍茫大地上"形成一把巨大的梳子"，与鄂毕河汇合后，向西北划出一条巨大的弧线，最终奔向北冰洋。

在生物学家眼中，阿尔泰山最为美妙，有什么比与众不同的物种更能吸引他们的目光呢？这里是西伯利亚、泛北极、欧亚、北极—高山和蒙古等多种生物区系成分的唯一交汇区，也是亚洲北部和中亚区域最重要的动植物起源地、生物多样性中心与生态系统起源中心。这里是许多特有、濒危动植物的分布区，也是它们的避难所。

每次出行之前，我都会翻阅大量关于阿尔泰山的资料，内容丰富且种类繁杂，我开始困惑，科考途中究竟会遇到一个怎样的阿尔泰山？我又该怎样向人们解读阿尔泰山？困惑久久未解，直到我被暴风雪困在禾木，才有时间细细梳理这个问题。

那日，屋外暴雪，我们已经被困三天了。路被雪崩所堵，且大雪一直不停，无法前行也无法返程，只能待在禾木当地图瓦人的民居中。其实，这木屋已经转租他人，但木屋结构基本是原始的。炉中的火舌释放着丝丝温暖，窗外风雪冻彻天地。本应好好享用一碗热腾腾的奶茶、舒心阅读一本书的我，在屋内焦虑地踱来踱去，仿佛一头困兽。突然，我惊讶地发现，

1　西阿勒泰自然保护区　许文强摄
2　居住在阿尔泰山区的人们，过去冬季出行还得靠马拉爬犁　范书财摄

山水经　阿尔泰山：寒极金山吹暮雪

▲ 冬季喀纳斯 范书财摄

木屋的缝隙居然是用当地山上的藓类植物填充的，在如此狂躁的风雪侵袭下，它却丝毫不漏风。我猛然间悟到，面对大自然，没有尝试过完整将自己置身于其中的我，其实是没有资格去解读它的，唯有用心感受、深切触摸、大胆呈现，才能让人们透过我的文字，领略阿尔泰山的万千风物、万千景色、万千生灵。

也是在那一刻，我恍然大悟，能用一段段故事、一次次经历、一个个物种，去勾勒阿尔泰山的图景，展示那些独特和美好，才是对大自然最好的呈现。

参考文献

[1] 刘娟. 阿尔泰山脉史前考古：亚洲东西方文明最早交往的重要通道 [J]. 文物鉴定与鉴赏, 2020(2): 144-146.

[2] 张威, 付延菁, 刘蓓蓓, 等. 阿尔泰山喀纳斯河谷晚第四纪冰川地貌演化过程 [J]. 地理学报, 2015, 70(5): 739-750.

[3] 袁方策, 达吾勒. 阿尔泰山采金史略 [J]. 干旱区地理, 1991(3): 46-50.

[4] 李娜, 丁晨晨, 曹丹丹, 等. 中国阿勒泰地区鸟类物种编目、丰富度格局和区系组成 [J]. 生物多样性, 2020, 28(4): 401-411.

[5] 曹秋梅. 新疆阿尔泰山植物多样性全球突出普遍价值 [D]. 乌鲁木齐：新疆农业大学, 2016.

[6] LEI ZHANG, LIAN-FENG ZHAO, LIANG ZHAO, et al. Intraplate thrust orogen of the Altai Mountains revealed by deep seismic reflection[J]. Science Bulletin, 2024, 69(11): 1757-1766.

海陆志

可可托海是我们探寻额尔齐斯河的开端之地，在那里，它像一条欢快的小河，一路向前奔跑，途中不断地有河流汇入其中，逐渐声势浩大起来。

当白湖、喀纳斯湖的水流入布尔津河并与额尔齐斯河汇合之后，额尔齐斯河就成了一条具有隐隐然气息的大河，它一路奔去，形成了景观差异巨大的科克托海湿地自然保护区，随后带着朵朵浪花穿越国境，流向哈萨克斯坦的斋桑泊，最终在俄罗斯境内的汉特－曼西斯克与鄂毕河相遇，奔赴北冰洋。我将选取科考途中几个颇具特色的区域来展示额尔齐斯河及其流域环绕下的阿尔泰山。

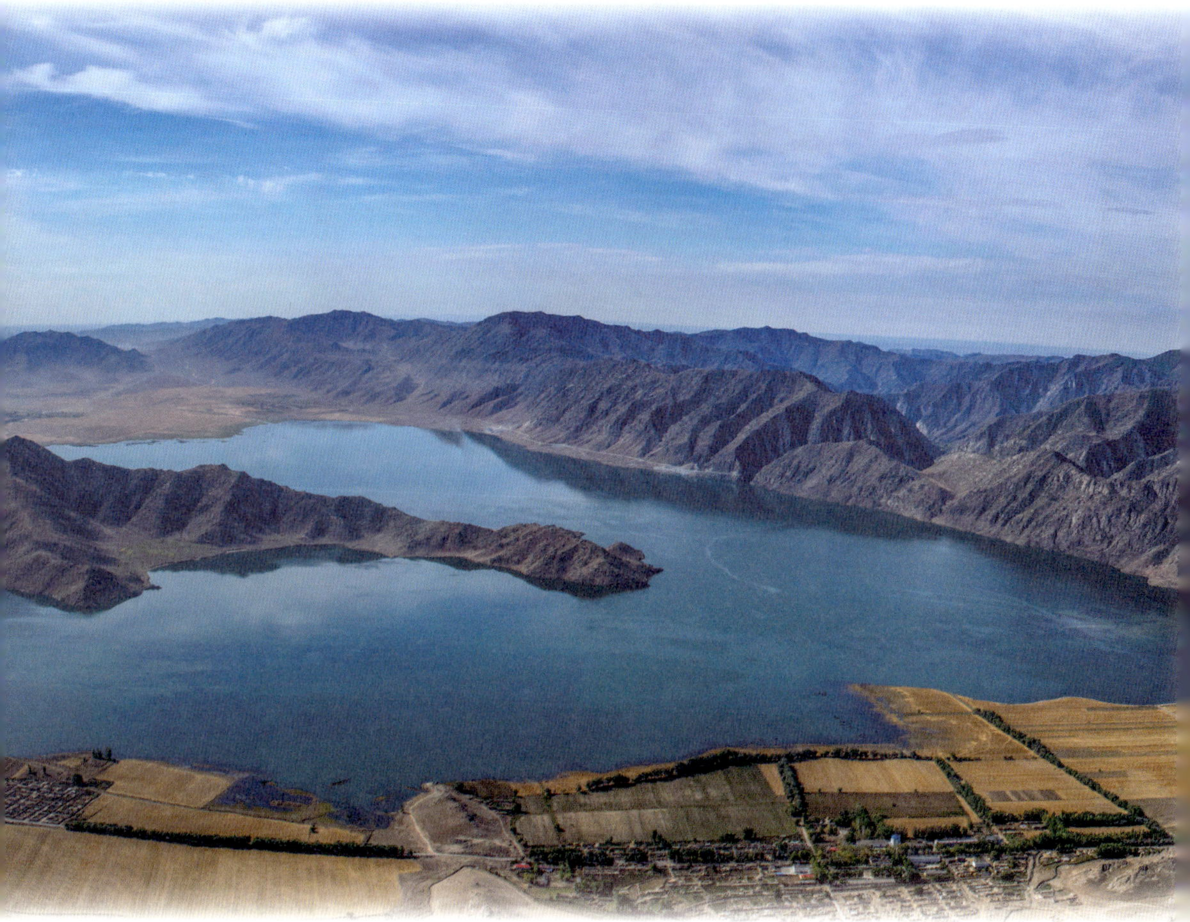

可可托海：心灵栖息地

可可托海，充满了瞬息万变的明度和光的温度，每一种变化皆是光影所塑造出的美妙景象。

如果你想在一处景观满足对山、水、林、石、鸟、兽、花的全部视觉享受，那可能没有比可可托海更合适的地方了。晨光的山峦中，郁郁葱葱的白桦树招展着光影斑驳的叶片。草滩上的野花，带着晶莹的露珠盛放。河水任性地拍击着岸边的岩石，打打闹闹地蜿蜒辗转在山谷间，最终奔向浩瀚的北冰洋。灰白的石钟山在黛蓝色天空的映衬下，清爽且伟岸。松鼠在林间的枝头上跳跃，一群群赤麻鸭、灰鹤（*Grus grus*）惬意地在可可苏里湿地戏水、漫步、觅食。它给我的印象，一如莫奈的画：明亮、温暖、洋溢、流动着幸福愉悦的光彩。各种色彩，都充满着瞬息万变的明度和光的冷暖，让画面中的一切都有了温度和灵魂。

我其实有点意外，如此丰盈多姿且历史悠久的可可托海，竟是因歌曲《可可托海的牧羊人》而红遍全网。我以为，地质变迁和岁月沉淀早已赋予它足够的底气为世人所识，不需要这种速食时代的推介方式。不过，我们的科考队奔赴可可托海，既不是受网红歌曲的召唤，也不是被美景所吸引，而是额尔齐斯河发源于可可托海的峡谷深处，对额尔齐斯河的考察，首先始于其源头的可可托海。

车一驶进富蕴县，浓厚的地质小城的氛围扑面而来。一辆辆巨型货车从身边呼啸而过，其实它们开得并不快，但因为运输矿石的货车体型过于巨大，与我们迎面而过时，总给人一种逼仄感。我们匆匆穿过富蕴县城，直奔可可托海，首先驻足"三号矿脉"。

这个被誉为中国"地质圣坑"的矿脉，是一个顶部大底部小、螺旋向下逐步缩小的倒锥形巨大矿坑。深 200 多米，南北长 250 米，东西长 150 米，是世界上最大的稀有金属矿坑之一。站在矿坑边缘往下看，感觉像在实景观看地质演化的巨型螺旋图，层层累累旋转而下的矿车道，讲述着一部厚重的地质变迁史。"三号矿脉"有 10 条完整清晰的矿物分带，是目前世界上已知最大和最典型的含稀有金属矿的花岗伟晶岩脉之一。富含锂、铍、铌、钽、铷、铯、铀、钍等 80 多种稀有矿物及放射性元素，有些稀有贵金属，

▲ 在可可托海奔流中的额尔齐斯河 范书财摄

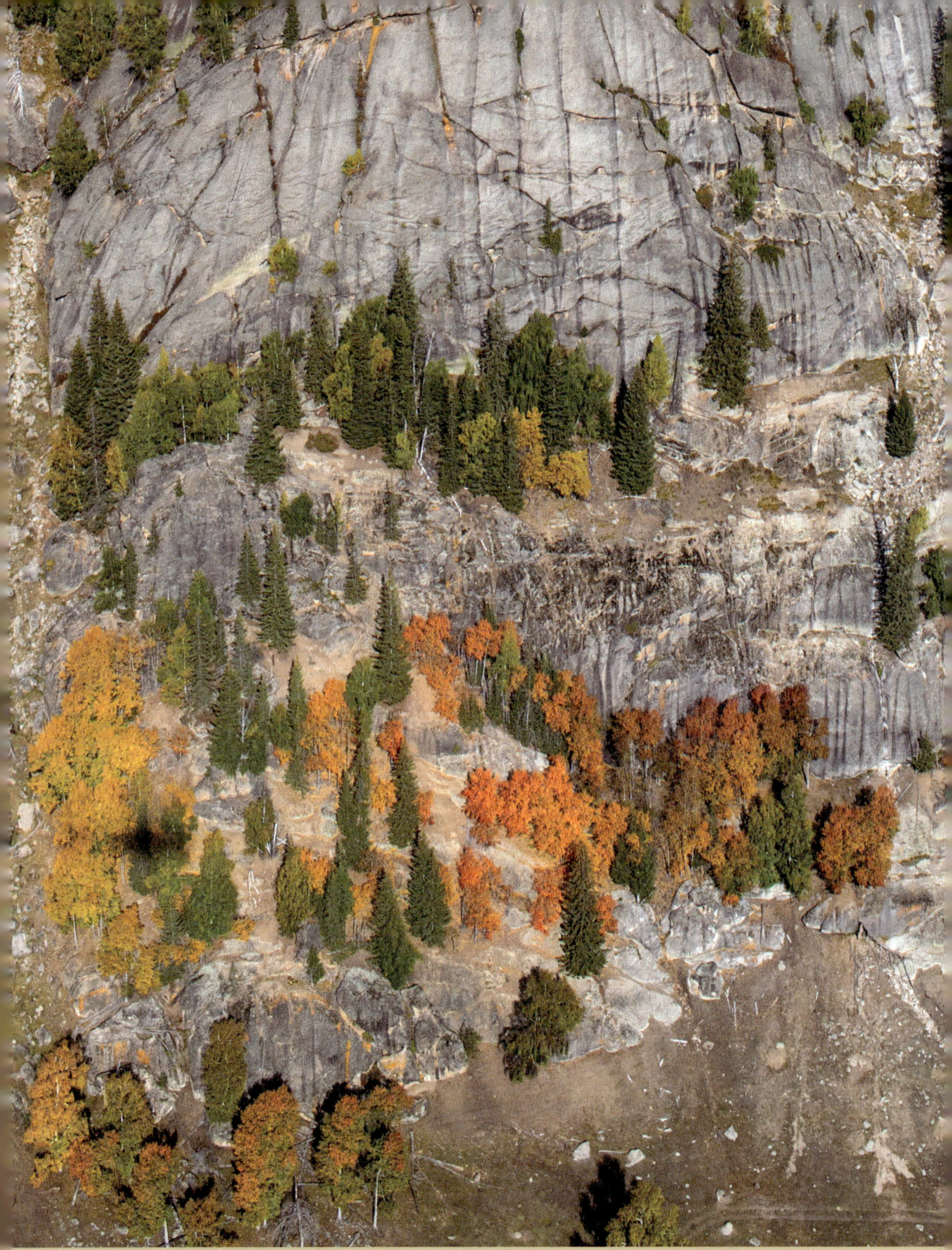

▲ 可可托海岩石上的松树林　范书财摄

是制造航天火箭必需的原料。比如，钽的熔点是3000℃，经得起火箭与大气剧烈摩擦产生的极度高温的熔烧。

当年，"三号矿脉"默默无闻地为中国的"两弹一星"国防事业提供了重要原料，那些艰辛的过往、伟大的事迹，深深感动着大家，科考队的党员很自觉地拿出随车携带的党旗，重温入党誓词。继续前行的途中，车中陷入长时间的沉默，这意味着大家还没从刚才参观的感动和震撼中走出来。或许有人会深深自问：如今的自己，是否能"扛"得起时代的大旗？科考路上遇到的那些沟壑和困难，是否也能用钢铁般的意志克服？

可可托海不仅有丰富的矿脉，更有地球"震动"留下的痕迹。离"三号矿脉"不过几十公里，就是闻名中外的卡拉先格尔地震断裂带。车行至地震断裂带的震中区，我们被眼前的地貌吓了一跳，山体错位、切山成谷、盆地下陷的景象扑入眼帘，仿佛那雷霆万钧、山崩地裂的大地震正在进行中，令人心惊肉跳。1931年8月，震级高达8级的富蕴地震，造成了长达176公里的地表地震断裂带。

干旱的内陆气候、较少的地表流水侵蚀及微弱的人类活动的影响，使得这个断裂带内古地震遗迹保存完好，是世界上最典型、保存最完好的地震遗迹之一，也因此有了"世界地震遗迹现场博物馆"之称。科研人员根据断裂带水磨沟区域剖面的地质现象推断，这个断层早在1931年的大地震之前，至少经历过两次剧烈的地震事件，其中有些断层坑应该是古地震造成的。

地震断裂带的触目惊心与不远处可可苏里湿地上的唯美画面形成了鲜明对比。那是由一面浅湖、20多个浮岛及丰富的水生植物构成的湿地景观。夕阳下的白鹭，保持着一贯形单影只的腔调，不乏仙气的灰鹤时不时出现在画面中，映衬着远处黛色的山峦、近处金黄的芦苇荡和深深浅浅的蓝色水面，一幅"草长平湖白鹭飞"的唯美画卷在眼前展开。看过了矿坑、断裂带，眼眸突然被这样的美景洗礼，不得不说是一种享受。

带路的牧民告诉我们，在可可苏里，灰鹤很受当地人关注，被誉为"神鸟"。也没能问出原因，可能是因为它形态秀美，抑或灰鹤于他们而言是一

▲ 三号矿坑 范书财摄

海陆志 可可托海··心灵栖息地

种传说隐喻。其实灰鹤在新疆并不少见，作为目前世界上现存的15种鹤类中分布最广的一种，灰鹤在全球数量近50万只，也是我国鹤类中种群数量最大的种类。科学家发现，近年来有数千只灰鹤在南疆的塔里木盆地越冬，越冬地大幅度向北偏移，缩短了其原本的迁徙距离。类似情况在欧洲、中东等地均出现过记录。科学家推断，这与气候变化密切相关。而生活在可可苏里的灰鹤，定然不会在此越冬，因为这里属于中国的极寒地之一，冬季的极寒天气可达零下52.3℃，完全不适合灰鹤越冬。

正欢畅狂奔的我们，被一场毫无征兆、突然降临的大雨拥在怀里，动弹不得。当晚并没能到达额尔齐斯河的源头水域驻扎，只好在可可苏里湿地旁的牧民村落入住一晚，等待第二天清晨再赶路。在新疆，科考队员最喜欢把营帐扎在牧民的毡房旁边，因为当地牧民经验丰富，通常选择在受风雨、野生动物侵扰最少的地方，或者发洪水也不易被淹到的坡地扎营，安全系数较高。与其自己费劲找，不如跟随有经验的人。

第二天一早，我们居然是被鹤鸣声吵醒的，顿时觉得自己周遭充满了仙气。大伙儿边收拾营帐边开玩笑，要不要集体在帐篷外打一段八段锦，致敬悠悠鹤鸣。住在旁边毡房的牧民见我们如此开心，不知我们为何而乐，也跟着笑起来，热情地为我们倒上香浓的牧区奶茶，开启温馨美好的一天。

天空如刻意着色般深蓝，云朵不知所终，阳光肆意怒放，但空气中还凝结着些许寒意。逐渐变窄的路途提示，前方便是额尔齐斯大峡谷，我们终于见到了额尔齐斯河的主要源头水域。恣意生长的白桦、云杉，奔腾的额尔齐斯河水，两岸无序排列的奇峰怪石，彰显着河谷景象的不拘一格。

提起这里的植物，人们往往只关注婆娑的疣枝桦、苍翠的冷杉、妖娆的马兰，很难低头观察那些生长在岩石上的地衣。地衣附着在岩石上，描绘出形态各异的"地衣画"，有的像巨大的桃心，有的像奔跑的小狗，有的像美人的侧脸，让岩石多了一种风情。额尔齐斯大峡谷的地衣资源很发达，岩面生地衣就有32种，这些地衣组成了5个群落类型，它们的分布与海拔高度、岩石种类、森林郁闭度等密切相关。

1	四月，还停留在冬季的额尔齐斯河　许文强摄
2	额尔齐斯河畔的白桦林　许文强摄
3	夕阳下的额尔齐斯河滩涂　许文强摄

海陆志　可可托海：心灵栖息地

33

穿越山野深处
科考博物观察笔记

　　峡谷中的神钟山像一个"显眼包",外形似倒扣大钟,浅灰与深灰相间的条纹则彰显着现代派的画风,表面还有一道道竖直的沟槽。我暗自思忖,是恐龙爬山留下的抓痕?是涓涓细流常年的侵蚀?还是不可知的力量在石头表面留下的印记?此外,旁边那些奇峰怪石上蜂窝状的凹坑是怎么形成

的？这些痕迹让人费解。在如此坚硬的花岗岩上，在不破坏周围石质的基础上，打出这么圆润的凹坑，需要怎样刚柔相济的力量？这是地外来物的造化，还是远古生物的作为？我还在天马行空地乱想，很快就被一张简介"打脸"了。一块展板上介绍：形成额尔齐斯大峡谷奇特山石地貌的，是距今0.65亿~2.08亿年燕山期的巨斑状黑云母花岗岩。这类花岗岩最重要的构造特征就是具有明显的大致平行于地表坡面的裂隙面。石头表面的凹坑，主要是因为花岗岩中粗大的矿物晶体、集中的巨型斑晶和黑云母较多的部分，在日久风化和冰雪冻融影响下剥离脱落而形成的。而那些竖直的沟槽，则是坡面流水的冲蚀以及岩石表层水孔隙带因反复的冻融作用留下的痕迹。

白瞎了我"丰满的想象"，"骨感的科学"更具有说服力。但这些散落在山谷间、充满柔性力感的山石，总让我想起莫奈在卡顿港和贝尼里岛画过的岩石岬角，厚重的基调和灰蓝的色彩，彰显着大地的伟岸和深沉。

与我感慨大自然的造化多来自艺术层面不同，科考队员对自然的理解来自他们采集的第一手数据，如水土盐碱度、河谷林的郁闭度、河水流量、水质、河流底栖生物的情况、河谷动植物繁衍生息情况等，具体且可以量化，这些都能为当地的生态环境保护提供精准的数据支撑，而不是在虚无缥缈的"多"和"少"之间徘徊。

参考文献

[1] 李红春，焦文强. 富蕴地震断裂带研究中的 ^{14}C 年代学应用 [J]. 东北地震研究，1986(3): 68-72.

[2] 姜泽群，张婷，阿不都拉·阿巴斯，等. 新疆额尔齐斯河大峡谷岩面生地衣群落数量分类 [J]. 干旱区资源与环境，2014, 28(8): 167-171.

[3] 刘飞，王镇远，林伟，等. 中国阿尔泰造山带南缘额尔齐斯断裂带的构造变形及意义 [J]. 岩石学报，2013, 29(5): 1811-1824.

[4] 柏美祥. 额尔齐斯活动断裂带 [J]. 新疆地质，1996(2): 127-134.

[5] 葛显勇，赵建. 可可托海：神秘禁区隐藏惊世风光 [J]. 祖国，2012, 111(19): 48-49.

白湖：水墨丹青映深湖

作为喀纳斯湖的"一母同胞",显然白湖在水的颜色上,多了几分冷清,少了几许妩媚。

穿越山野深处 科考博物观察笔记

▲ 俯瞰白湖 范书财摄

掩映在金色泰加林中的喀纳斯湖,以蓝绿色湖水惊艳了世人,仙境般的景色使得人们流连忘返。如果得知喀纳斯湖还有一个"姐妹湖"——同样由阿尔泰山友谊峰的冰川融水形成的白湖,人们一定会认为,白湖也应出落得亭亭玉立,湖色妖娆。

不过,见到白湖,你大概率会失望。作为喀纳斯湖的"一母同胞",白湖不论是湖畔景致,还是水的色彩,都多了几分冷清,少了几许妩媚。就像家里有两姊妹,一个明艳娇媚,一个文静秀气。倒不是自然造化偏爱谁,这种色彩差异,不过是由距离源头冰川远近造成的。从上游冰川消融后汩汩而下的流水中,含有大量白色石英细颗粒,还未得到很好的沉淀就进入了湖中,使得白湖之水一如它的名字,是乳白色的。但乳白色的湖水似乎并不影响其"颜值",只是成就了另外一种欣赏范畴中的美感。如果说喀纳斯湖犹如一幅浓墨重彩的油画,那么白湖就像一幅浓淡相宜的水墨画,美则都美,只是质感不同而已。

坐落在原始森林怀抱中的白湖,是布尔津河上游重要的水源汇聚湖,四面环山,东北侧是友谊峰。从地理位置上讲,白湖比喀纳斯湖更靠近它们的水源地——阿尔泰山友谊峰冰川,这也意味着它离边境线更近,前往的道路也更加曲折和艰难。但是,没有

海陆志 白湖:水墨丹青映深湖

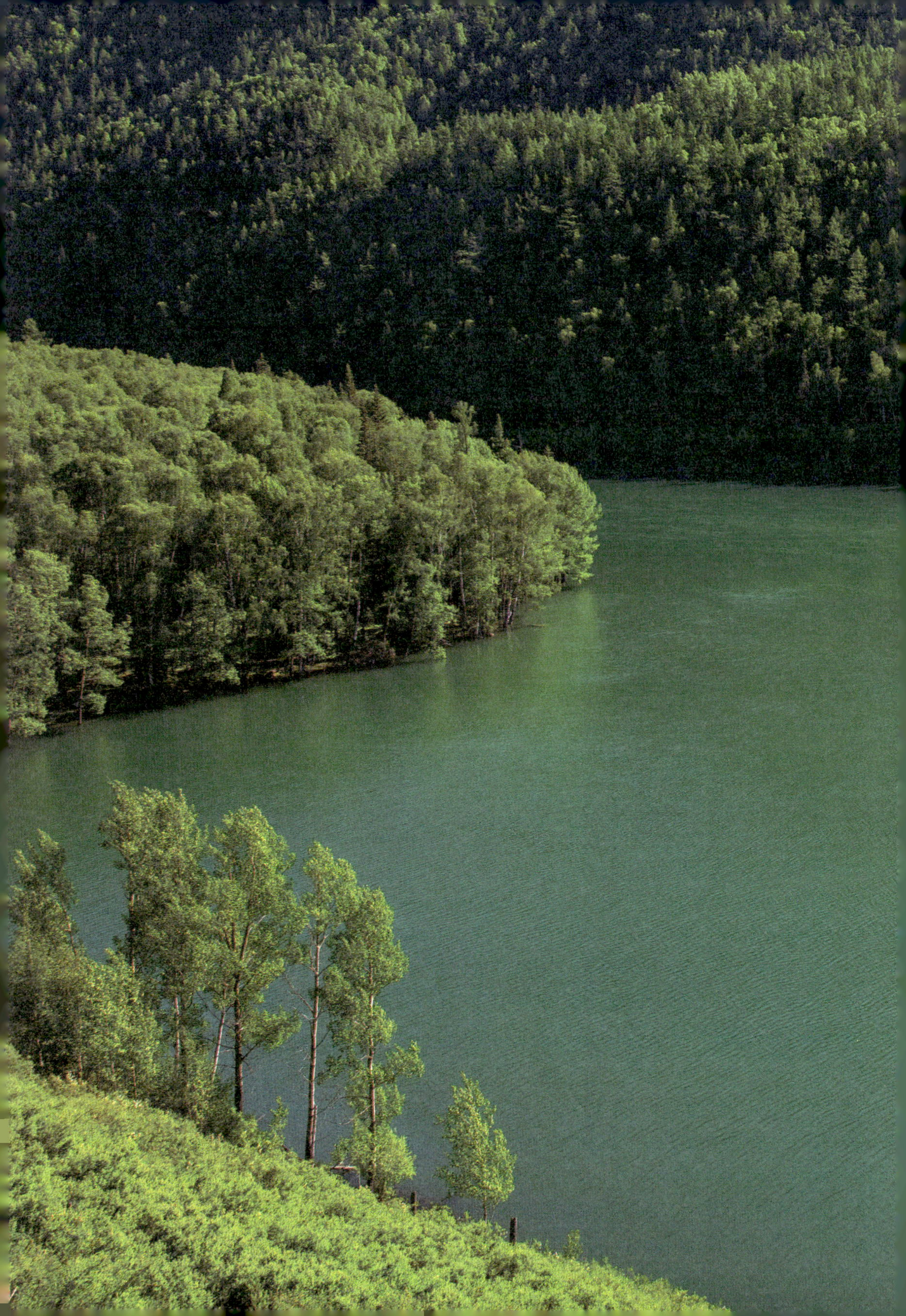

卧龙湾　范书财摄

什么能阻挡科考队的脚步，只要有未解之谜，再险峻的角角落落都是他们的足迹可以踏访的地方。

探访白湖，就要逆水而上。科考队选择清晨从喀纳斯湖乘游艇逆行，前往喀纳斯湖上游的枯木长堤湖头。枯木长堤湖头是前往喀纳斯的游客乘坐游艇能抵达的景区最远水域，这意味着游客旅程的终点是我们科考行程真正的起点。我们在这里换乘马匹，准备踏入喀纳斯湖的核心保护区。本地马看起来有点壮硕，没那么气宇轩昂，感觉并不难驯服，但骑上去的瞬间就知道了，这些看起来呆萌的家伙并不好驾驭。我们战战兢兢地在马背上摇晃了5公里，才终于到达保护区的第一个森林保护站——湖头站。

5公里的骑行对牧民来说很轻松，但对科研人员来说，实在有点艰辛。大家看到休息站，赶紧跳下马，喘口气，松活一下僵硬的背部肌肉，也让酸胀的大腿歇一歇。但也仅仅是喘口气，因为在湖头站喘息之后还得继续开拔，后面还有20公里的路程，前方的阿克吐鲁滚管护站才是当天真正的宿营地，而我们必须赶在天黑之前赶到。山区的管护站，住宿条件的艰苦可想而知。白天阳光下气温可达20℃，晚上就可以冷到零下10℃，绿色军大衣是踏出房门的必备品。虽然冷，空气却通透清新得让人感觉有点醉氧。晴朗的夜空，星辰压低，像是落到了草坡上，"手可摘星辰"的快乐就在眼前。

天刚蒙蒙亮，我们就被叫醒了。热茶配干馕，加一小袋咸菜就打发了早餐，压根没见着我心心念念的山区奶茶，浓郁的香味只能停留在想象中了。一转头，居然看见有人"矫情"地用刚烧热的水在保温杯里冲咖啡，香味刺激我的味蕾，本想也讨一包来冲，却听到门外喊着："出发啦，出发啦，不要磨蹭！"我只好悻悻地跟着队伍赶路，又花了3个小时，我们才赶到白湖森林管护站。到了这里，才算真正开始接触白湖。也就是说，为了见到白湖，我们赶了一天半的路程。但是，我们见到了白湖森林管护站，却依然没有见到湖。从这里到达湖边，还有接近一小时的路程。到底是怎样的"神仙湖"，让人如此百折不挠地想要接近？我渴望尽快看到它的"真容"。

但这一小时的路程，让人有不枉此行的感觉。我们在密布西伯利亚落叶

▲ 从不同角度看，白湖的水泛着不同的色彩，只有在地面上看时，它才是白色的　范书财摄

松（*Larix sibirica*）、西伯利亚五针松（*Pinus sibirica*）及西伯利亚冷杉（*Abies sibirica*）的高山森林里穿梭，聆听各种鸟儿演奏会般的鸣叫。阳光透过高大的树木若有若无地散落在我们头上，淡淡的雾气在林间萦绕，一丝轻柔的松香味弥漫在空气中，仿佛穿越了绿野仙踪。

没多久，又走入烂漫山花中。紫色的西伯利亚耧斗菜（*Aquilegia sibirica*）开满一整面山坡，美极了。湖周的草甸上还长着造型各异的火焰草（*Manettia inflata* T. Sprague）、兴安石竹（*Dianthus chinensis* var. *versicolor*）等，正值它们盛开的季节，满山的野花斗艳般展示着它们的美丽。当然也有低矮的西伯利亚刺柏（*Juniperus sibirica*）和趴地生长的叉子圆柏（*Juniperus sabina*）散落其中。

与山花的招摇形成鲜明对比的是湖面那极致的宁静。云雾缭绕之中，墨色山脉之间，一面白色湖水赫然映入眼帘，与远处皑皑的冰川、近处碧色的高大森林遥相呼应，孕育出一种宁静的氛围，宛若一幅水墨画，漫不经心地在你眼前徐徐展开，让你震撼于大自然的精妙。不同于喀纳斯湖的盛世美颜，它细致入微地展现着大自然的轮廓，没有明艳的色彩，淡淡几笔勾勒出的画面，却足够震人心魄。

作为额尔齐斯河上游最大支流布尔津河的源头湖泊，它的湖盆是断陷作用形成的，加之冰川的强烈侵蚀，在湖西侧的冰川末端碛垅堆积，拦截了水流，最终积水而形成湖泊。白湖形状呈侧Y字形，我总感觉它像一个巨大的箭头，指向阿尔泰山深邃的泰加林，仿佛冥冥中指引人们去探寻那里的宝藏。白湖面积不大，不到9平方公里，在阿尔泰山系和额尔齐斯河流域，这种面积的湖泊，顶多算个"积水潭"。不过，白湖虽不大，却很深。在随后几天的科考过程中，科研人员通过测量发现，南侧陡峭，北侧和西侧水深变化相对平缓，而在冰川交汇处则出现了深水区，集中在120米等深线的范围。这是两条古冰川的汇集处，也是冰川掘蚀作用最强的区域。湖中两条冰川运动力量最大的地方，自然就是湖水最深的地方，深度达到了137米。白湖属于典型的古冰川退缩后留下的冰碛堰塞湖。

为什么会在这山峦之间留下一个乳白色的湖？科研人员发现，白湖的主要水源来自友谊峰冰川的消融。友谊峰冰川末端有一个巨大的冰洞，冰川融水从冰洞中涌出，形成冰下河。因为带有悬浮的岩粉，所以从冰洞流出来的水就像浊白的乳汁一样，在冰川学中被称为"冰川乳"。友谊峰冰川

▲ 白湖旁的雪山及冰川　范书财摄

下伏的基岩，多是富含石英矿的花岗岩，冰川乳随着流速增大，又带着地热的温度，便加速了水与花岗岩的摩擦，花岗岩中的白色石英粉颗粒融入水中，便使得冰川融水下泄的过程中依旧呈乳白色。加之白湖面积小、出水口外流湍急，所以入湖水很快在湖内均匀混合，便形成了这山峦之间的一幅水墨画。

白湖与喀纳斯湖是同源湖，但湖水的颜色却差异巨大。白湖的水为乳白色，而喀纳斯湖的水则随季节变化呈淡绿色、绿色或湖蓝色。"一母同源"的湖水究竟为何有如此大的差异？科研人员经过测定发现，白湖湖水的颜色，与水体中悬浮的石英颗粒密切相关，但其化学指标则与喀纳斯湖的水质特征相近。说明白湖湖水中的悬浮颗粒物质非常稳定，对湖水溶解性离子的含量产生的影响很小。加之白湖的湖水由近100米的出水落差咆哮而下，注入谷底，而后奔向喀纳斯湖，水的颜色经沿途沉淀变淡变浅，再经过喀纳斯湖北侧湿地的过滤，进入喀纳斯湖的水，颜色就更淡了。此外，喀纳斯湖比白湖容量大10倍左右，湖的面积是白湖的5倍，所以从白湖下泄的入湖水流很快就融入了喀纳斯湖的巨大水体中，成为喀纳斯湖清澈湖水的一部分。

湖水颜色之谜解开，多少破坏了原本的神秘色彩，但解开未解之谜不就是科学家一直孜孜以求的吗？令我欣慰的是，因为路途不通畅，白湖至今也没有得到很好的开发，这就意味着，森林中那些厚厚附着在岩石上的苔藓，树梢上欢快歌唱的鸟儿，湖畔肆意绽放的西伯利亚耧斗菜，那些穿梭在林间的小动物，依然拥有一片无人打扰的乐土，保持着最原始的状态。

参考文献

[1] 吴敬禄，曾海鳌，马龙，等．新疆阿尔泰山区白湖水质水量基本特征[J]．干旱区研究，2013, 30(1): 5-9.

[2] 冯敏．哈纳斯湖地区地貌与湖的成因[J]．冰川冻土，1993(4): 559-565.

[3] 吴敬禄，曾海鳌，马龙，等．新疆主要湖泊水资源及近期变化分析[J]．第四纪研究，2012, 32(1): 142-150.

斋桑泊：亘古荒野落遗珠

古老的斋桑泊，长久地盘桓在这片亘古荒野中，见证了地球沧海桑田的变迁。

地处中亚的湖泊，大多在出了中国国境之后还需远途跋涉。斋桑泊不同，它基本是跨出国界百十公里就能达到的湖泊，与宽阔的额尔齐斯河紧紧相连。不过，在我们设定的科学考察路线中，绕着哈萨克斯坦境内的额尔齐斯河流域转了一大圈之后，最后达到的地方是斋桑泊。

科考队从巴甫洛达尔正式启程，沿着额尔齐斯河流域前行，途经塞米伊、厄斯克门、阿勒泰（济良诺夫斯克），最后到达斋桑泊。历时 12 天的境外科考，一方面是做境内外国际河流的对比，另一方面也确实希望能真实了解哈萨克斯坦境内额尔齐斯河流域水资源、土地资源的开发利用情况，

▲ 额尔齐斯河的某些水域，有种水至清则无鱼的既视感　许文强摄

为评判流域环境承载力提供科学数据支撑，也为绿色"一带一路"建设奠定科学基础。

在当地租车、请向导、设定最佳路线、安排住宿点，周全的规划让我们在境外的野外科考少吃了很多苦。但毕竟全程驱车1500多公里，且多是在野外走走停停，真让不少科考队员觉得有些体力透支。在这12天时间里，不仅要前往哈萨克斯坦行业部门开展专题调研，还要开展大量的野外实地调查、资料采集。全程设置64个野外验证点，验证额尔齐斯河的河道、林地、草地、湿地、耕地等的遥感影像，解译已有资料，力求所得数据精准高效。

海陆志 斋桑泊：亘古荒野落遗珠

其实，一路上，我们有种越走越荒凉的感觉。额尔齐斯河中游，多是片片沃野，像一个巨大的口袋，将森林、草原、湿地、田野收入囊中，展现出一种超然物外的逍遥和丰美。那些黝黑的土地，清秀的桦林，无人管理却生长茂盛的农田，激荡着饱满的活力。好像完全无须刻意展示，人们就会感知它们的生命律动。但越往额尔齐斯河上游走，河流水量和区域整体的水土湿润度都急剧下降，身处干旱区的感觉也越来越明显。那种感觉非常苦闷，仿佛一粒黄土，掰开之后，一半是干涸，另一半也是干涸。

直到最后一天，我们从阿勒泰（济良诺夫斯克）出发前往斋桑泊，才又有了沿河而行的快乐。我们有种错觉，仿佛一不小心走进了新疆的江布拉克景区，路上迎接我们的，不是大片开得正艳的油菜花，就是笑得灿若星辰的向日葵，还有山坡上延绵不绝开始泛黄的麦田。8月，正值夏末初秋，湛蓝天空映衬下的这些山峦和景色，像色彩浓郁的油画，使突然闯入其中的我们瞬间消散了多日来的疲倦。原来风景可以治愈的不仅有沮丧、乏味，还有困倦。

美景似乎永远短暂，几十公里后，我们又一次开启了荒野行程，沿着额尔齐斯河畔颠簸且狭窄的公路狂奔，赶往斋桑泊。在一个村镇的河畔洼地，居然有摆渡口，车可以通过摆渡船从河的这岸渡到那岸，价格便宜得让人意想不到，一辆车的运费折合人民币10元左右。说是摆渡船，其实是很简陋的设备，一个比较破旧的机动船，拖着一个大钢板，大钢板宽10多米，长30多米，上面根据车辆大小可以放8~10辆车。向导告诉我们，这种渡口沿途有几个，因为人口并不密集，所以修桥不划算，就设置了这样的摆渡口，方便河两岸的通行。我们看了一眼那晃晃悠悠的钢板，决定不尝试摆渡过岸，继续前行，赶往斋桑泊。

开始进入湖区，我们发现湖两旁是不对称状态的冲积扇，一面较陡，一面较缓，且森林远离湖畔，远处的山野也较为荒芜。途经了一些碎片化的农田，庄稼长得很潦草，完全没有精心管理的痕迹。牧草很稀疏，牛羊

1　厄斯克门—济良诺夫斯克段的额尔齐斯河植被异常丰富　许文强摄
2　到了济良诺夫斯克，发现额尔齐斯河越加平静　许文强摄
3　流出斋桑泊的额尔齐斯河逐渐清澈　许文强摄

海陆志　斋桑泊：亘古荒野落遗珠

▲ 因为贯通两岸的桥梁太少，很多车都挨挨挤挤地乘坐渡轮去对岸　许文强摄

▲ 济良诺夫斯克的小镇生活　许文强摄

更稀疏，似乎一切都有些漫不经心的模样。在干旱区，漫不经心是生灵万物应对荒芜自然的方式，一切都散发着岁月弥久和尘土飞扬的气息，快一点或慢一点都不能改变周遭的荒凉，不如慢慢行进。

在一些低洼处，还有小片的盐碱地，整体感觉就是干旱区该有的模样，没有我们想象中的草场丰美和雨水充沛。但卫星定位显示，前方就是斋桑泊的主要湖区，我们甚至有些迟疑，地处干旱区的巨大淡水湖，周围怎会显得如此荒凉？我们选点停车，开始收集数据，想要通过实地调查揭晓答案。

在经历了数个定位采集的停停走走之后，我们终于驱车抵达了斋桑泊。其实，看着波澜壮阔的湖面，心情是复杂的。斋桑一词为蒙古语，是古代蒙古族官衔。从这个词的来源，想必应该能猜出来，地处阿尔泰山和塔尔巴哈台山脉之间的斋桑泊曾是中国的内陆湖，从西汉开始就是我国固有领土，清朝时归伊犁将军辖区。清代地图上的"烘和图池"或"斋桑淖尔"，就是指它。很显然，这是腐朽的清政府弄丢的疆域。

在干旱的中亚区域，斋桑泊是一个水域面积不算小的淡水湖。干旱区的淡水湖就意味着生机和活力，历史上的斋桑泊流域，一直是绝佳牧场的水源，所以沿途看到湖周并不丰茂的草场，我们充满了疑惑。斋桑泊1864年正式被沙俄割走，1959年苏联在额尔齐斯河流域修建了一个大坝，实现湖库一体化，形成了一个平均水深11米、面积达5500平方公里的大水库。

同行的向导告诉我们，湖库一体化之后，曾经的斋桑泊不仅是周边区域的优质水源，还曾大力发展过渔业且通航船只，利用价值提升了许多。但我们此行并没有看到欣欣向荣的渔业，也没有见到来往频繁的航运。而且，我们最后入住的斋桑镇，落后得有些出其不意。除了几幢建筑像现代建筑，其他的街景和建筑仿佛一下把我们拉回到了20世纪80年代初的中国小县城，真的非常有年代感。

在过去很长一段时间里，关于斋桑泊的研究，主要关注点都在整个斋桑盆地的能源研究上。由于2002年在哈萨克斯坦的斋桑坳陷里发现了斋桑油气田，随后发现多个稠油油田，石油可采储量约55亿吨，而古近系与下侏罗统产气的可采储量达到了3×10^{12}立方米，富集的油气资源是外界关注此地的热点。而斋桑泊的水资源再次引起关注，则源于2018年中国与周边国家共建"冰上丝绸之路"建议的提出。

随着全球气候变暖，北极变暖的速度远快于预期。北冰洋冰层融化速度加快，极可能在2050年前后出现夏季无冰状态，因此北极航道成为各国

▲ 厄斯克门—济良诺夫斯克段额尔齐斯河随处可见河谷林　许文强摄

共同关注的热点。随着我国"一带一路"倡议的稳步推进,"冰上丝绸之路"开始受到关注。人们已经意识到,"冰上丝绸之路"不仅是一个概念,在现实意义上,可有效促进北极地区的互联互通和经济社会可持续发展。

而作为我国唯一流入北冰洋的河流,额尔齐斯河属于荒原河流,水面宽阔,流速平缓,落差小,能行舟航运。在20世纪50—60年代,额尔齐斯河就曾在中苏之间运输过建筑材料、石油制品等货物,年货运量一度达

到 1850 万吨。后因各种因素，这一航道不再通航。人们开始思考，是否可以重启这条航线，使中国与哈萨克斯坦在额尔齐斯河上游能通航，货物可从新疆经额尔齐斯河直接运往哈萨克斯坦，经俄罗斯穿越北冰洋，再运往欧美等国家。关键在于，这条途经斋桑泊的内陆航运线路还可以开发沿途旅游业。

科学家提取河冰物候信息，进行气象水文资料对比分析，试图为评估河段航运现实能力及未来潜力提供科学依据。而我们此次境外科考，其中一个重要内容就是了解斋桑泊和额尔齐斯河上游水域资源环境承载力。一路走下来，哈萨克斯坦境内额尔齐斯河水资源的丰沛和流域的生物多样性，给我们留下了深刻的印象。但我们也看到了一些存在的问题。科研工作者期望沿河国家能共同建立完善的水资源调查和监测体系，定期收集数据了解水资源状态和变化趋势，制定合理的水资源分配方案。一切都在讨论中，也希望能尽快达成共识。

除了来自能源和生态环境领域的关注，斋桑泊及其所处盆地在地质领域也有不小的影响力。地质学家在对斋桑盆地进行综合调查时发现，早在晚白垩世，位于中亚的斋桑盆地就形成了一个湖盆，一直延续到现在。在古斋桑泊中，最老的沉积是由厚达 136 米的泥岩、粉砂岩、页岩、石英砂岩、砾岩和淡水石灰岩红层组成的。而在斋桑泊以南的地层中，科学家还发现了圆形蛋和长形蛋两个类型的恐龙蛋壳碎片。这些都充分证明斋桑泊是中亚区域一个古老的湖泊，它形成的时间远远早于人类出现的时代，长久地盘桓在这片亘古荒野中，见证了地球沧海桑田的变迁。

参考文献

[1] 杨繁远. 中亚主要河流水利建设对自然环境的影响 [J]. 干旱区地理, 1987(2): 69-71.

[2] 冯锡时.略述清代西北地区的卡伦[J].新疆大学学报（哲学社会科学版），1978(1): 80-88.

[3] 陈起川，夏自强，郭利丹，等.中亚湖泊地区气温变化特征[J].河海大学学报（自然科学版），2012, 40(1): 88-94.

[4] 胡婉嫔，效存德，谢爱红，等.基于MODIS数据的额尔齐斯河上游河冰物候研究[J].冰川冻土, 2021, 43(4): 999-1008.

[5] 冯杨伟，任艳，屈红军，等.中哈边境吉木乃—斋桑盆地二叠系油气成藏要素[J].地质学报, 2021, 95(6): 1935-1948.

[6] LUCAS S G, BRAY E S, EMRY R J, et al.哈萨克斯坦东部斋桑盆地恐龙蛋壳化石与白垩系–古近系界线[J].地层学杂志, 2012, 36(2): 417-435.

额尔齐斯河与鄂毕河：
穿越山岭终相遇

额尔齐斯河与鄂毕河，穿越重重阻碍，在东经69°、北纬61°附近相遇，成就了源自中国的唯一北冰洋水系河流。

额尔齐斯河最终与鄂毕河交汇，流向了北冰洋，是我国唯一一个北冰洋水系的河流。在横跨哈萨克斯坦国境之后，它是怎样穿越俄罗斯大片沃土与鄂毕河相遇的？在此之前，流域呈现怎样的状况？这些都是科学家所好奇的。

毕竟遥感图的影像不能解决全部问题，流域土地利用情况、实际的植被覆盖情况、土壤类型、植物类型等，都有待进一步实地调查。2023年9月底，第三次新疆综合科学考察的科考队员再次前往境外，沿着俄罗斯境内的额尔齐斯河，行程2100多公里，沿途重点考察28个点位，一路探寻它与鄂毕河相遇的地方。

出发的行程并不顺利。我们选择从重庆出境前往莫斯科，结果从乌鲁木齐出发到重庆的航班因空中管制延误了，大伙儿的心都悬了起来，重庆前往莫斯科的航班起飞时间和乌鲁木齐至重庆的航班落地时间间隔较短。这一耽误，时间就很紧迫了。好在飞机赶在零点前抵达了重庆，此时距离前往莫斯科的航班起飞的时间只有两个半小时，队员们在凌晨的川北机场里狂奔，匆匆瞥了一眼"谁能想到重庆的微微辣让我泪如雨下"的巨型广告牌，赶上了前往莫斯科的航班。原本设想能在机场吃个小火锅再去莫斯科，这下连泡面都没空吃了。

在莫斯科与俄罗斯科学院地理研究所的专家进行短暂座谈后，科考队员匆忙飞往鄂木斯克，正式开启野外考察。

我们在鄂木斯克并没有急着往额尔齐斯河下游走，而是折返往上游走了一段，因为上一次我们在哈萨克斯坦境内的额尔齐斯河考察，在哈萨克斯坦和俄罗斯边境就停下了，而鄂木斯克到哈萨克斯坦边界那一段的河流情况还需要调查清楚。所以我们先前往哈萨克斯坦边境考察，再折返鄂木斯克往下游走，道路虽然曲折迂回，却收获颇丰。

此时，按照中国的节气，已正式立秋。路边的白桦林开始略略泛黄，它们与我们印象中树干笔直高大的白桦有所不同，而是有较多枝杈，形成半伞状优美的树形。风拂过白色树干和黄绿色叶片，生出几分婆娑之姿来。宽阔的额尔齐斯河、淡蓝色天空中时卷时舒的云彩、黑色的土地、河边悠然吃草的牛羊，那画面就像是荒野派画家笔下的水彩画卷，轻薄通透且有力感。其实，这看起来富有生机的黑土地，是容易让人陷入沉静和忧伤的，并说不清缘由。同样是人烟稀落，黄土旱区的荒野就容易让人漫不经心，而黑土地上的荒野就有种淡淡的阴郁，土地的气质与人的气质往往一脉相承。

不得不说，俄罗斯境内的额尔齐斯河真有种大河滔滔的既视感，河面宽且河水深，很多区域都可以行船。桥梁不多，所以航运非常普遍，跨河运车运货很方便。重要的是，很多区域的河水流速都较为平缓，所以时不时可以看到河岸边渔船摇曳，老者悠然垂钓。趁队员们采集水样、土样数据的空当，我和一名垂钓者聊了起来。他一听是中国人，表现出很高的热情来，因为不会俄语，我们用手机翻译软件进行交流，基本能准确表达彼此的语意，但用机器聊天感觉怪怪的，没聊多久就相互说"До свидания"（再见）了。

俄罗斯的土质好是不争的事实，我们一踏进俄罗斯，就感受到了空气的湿润和土壤的肥沃。到了鄂木斯克，更是看到了大片典型的黑土地，一派千里沃野的景象。植被覆盖度很高，路边的天然林中，生长的牛肝菌又大又肥厚，松茸等其他蘑菇种类也很丰富。我们在林中做着调查，爆炒牛肝菌的画面已跃入脑海，赶紧摘了几个放在车上，想着到了第一个住宿点塔拉就来个爆炒。结果，到了酒店，老板告诉我们，有专门采集蘑菇的人，这种自己采摘的，他们不敢做，怕万一有问题。无奈，我们只好眼巴巴望着采回来的牛肝菌浪费了。

塔拉是个小镇，是我们此行路途中为数不多的落脚点。尽管很偏僻，但基础设施却并不落后。有咖啡店、快餐店、酒馆，还有很多老人在路边摆摊卖果蔬。道路不宽，却还平整，整体环境看起来干干净净的，绿化也很好——我们深度怀疑其实那就是天然绿化——无须刻意人工种植。

穿越山野深处 科考博物观察笔记

▲ 鄂毕河与额尔齐斯河相遇　许文强摄

海陆志 额尔齐斯河与鄂毕河：穿越山岭终相遇

1 鄂毕河河段　许文强摄
2 厄斯克门的额尔齐斯河岸边修整得很漂亮　许文强摄
3 阿斯塔纳—巴夫洛达尔北部，额尔齐斯河逐渐形成了一条气势磅礴的大河　许文强摄

镇上老人居多，因此一到下午六点多，街道上就没人了，餐厅打烊，酒馆闭门，只留下一个不大的超市开着，供人们购买基本生活用品。小镇的景象，人文的气息，人们彼此间亲切的招呼，老人们练摊时的无欲无求，下班回家路边买把菜再买束花的中年女性，犹如流动的生活画面，那感觉像极了俄罗斯文学作品里的场景。

本来想在镇上认真吃顿晚饭的我们，只能买些泡面、罐头回宾馆了。我们还是对蘑菇不"死心"，看到超市里有各种各样的蘑菇罐头，专门买了一听，回到酒店迫不及待打开放了一枚在嘴里。这是我人生中第一次感受到"锁喉"，真是瞬间掉进了盐井里，有种"灵魂出窍"的感觉。那不是一般的咸，是完全没法吃。后来当地人才告诉我们，这个要在清水中浸泡一天一夜之后才能拿来吃。

在塔拉，我们得到一个对行程非常不利的消息，从塔拉到托博尔斯克市的路况比较差，而我们只有一辆车，糟糕的路况极易爆胎，继续按这个路线走，并不安全。科考队临时决定先绕回鄂木斯克再走高速路到达托博尔斯克。但从塔拉折返鄂木斯克再到托博尔斯克，这一天的行程有900多公里，沿途还考察了额尔齐斯河的支流伊希姆河、瓦盖河、托博尔河，了解水系之间的水力联系。好在俄罗斯的基础设施不错，公路很好走，我们当晚赶到了托博尔斯克。这一路，有大量支流注入额尔齐斯河，使它更具大河气质，不急躁、不苍白，浩然且沉稳。

途中我们注意到一种在国内很少见到的情况，纤细却茂密的白桦林，成片被高水位涝死。印象中，新疆的白桦林多因水量减少、地下水位下降枯萎而亡。但这里大面积的白桦林，却围着一圈圈的水塘，涝死在其周围。司机师傅告诉我们，这个情况已经有些年头了。白桦喜潮，但经不住水淹，由于各个支流的来水量增加，很多白桦林周围都成了半沼泽状态，所以就出现了大片涝死的现象。

一路狂奔中，大片的农田给我们留下了深刻的印象，倒不是这里的小麦、玉米、油菜有什么不一样，而是农田里基本没什么农业灌溉设施，地

鄂毕河大桥 范书财摄

▲ 塞米—厄斯克门段的额尔齐斯河突然有种山水朦胧中国画的既视感
许文强摄

▲ 塞米—厄斯克门额尔齐斯河段 许文强摄

▲ 越接近与鄂毕河交汇的地方，就越有气势的额尔齐斯河 许文强摄

下水和雨水的滋润就足够作物完成生长周期了，完全是靠天吃饭。而林间及原野中，厚厚的草甸、多样的物种，让我们感慨自然条件的优厚。肥沃的土壤对我们产生了极大的吸引力，我们专程下车对河岸边的黑土层厚度进行了测量，居然厚达 80 厘米，难怪物产如此丰硕。

  最后一天，要从托博尔斯克赶到汉特—曼西斯克，这是此行最关键的路程，我们终于要到达额尔齐斯河和鄂毕河相遇的地方了。路边是大片湿地，没有农田，完全成了无人区。但总有一些模样奇怪的车从旁边经过，车轮有一人高，而车身却比正常轿车小一点，感觉是不小心从动画片里开出来的车。司机告诉我们，那是工程用车，我们看到的大片湿地下面，有着非常丰饶的天然气，它都是通过管道输送的，对这些地方进行建设和维修，普通车辆根本进不去，但这种轮胎笨拙的车方便出入。这算好的，还有些地方，只能靠直升机运输工人。听闻人家是乘坐直升机通勤，大家羡慕不已，但一想到动不动就得泡在沼泽里修管道，想想便算了，我们宁可两脚着地。

  终于靠近了两河相遇的地方，但我们却被拦住了。我们可以远远望见两河交汇，看见水面变得无限宽阔，但却无法站在两河交汇的河边看一眼它们的相遇。因为这一段是大片的湿地沼泽，没有车可以靠近的地方，而两河交汇口前段的额尔齐斯河畔都是一个个大院落，门口立着牌子，上面用俄文和英文两种文字写着"私人领地，非请勿入"。这让人突然有种"你就在我身边，我却无法注视你眼眸"的悲伤。不甘心就此错过，我们便一家一家询问，终于有户人家，听闻我们是中国人，非常热情，愿意让我们进院子站在河边看一看两河交汇前额尔齐斯河的滔滔河水。

  我们被眼前的景象震撼了，虽然之前的路途中隔着湿地和林地已经感受到了河面的宽阔，但真正站在旁边，才发现自己的渺小，那巨幅的水面，在阳光的照射下泛着粼粼波光，船只往来其上，世界著名大河的风采尽显，人站在岸边显得何其微小、无助。远处层林尽染，鸟飞兽跃，一派怡然景象。是的，分别发源于阿尔泰山南北两麓的额尔齐斯河与鄂毕河，穿越重重阻

1
―
2

1　被涝死的桦树
　　许文强摄
2　大轮子小车
　　许文强摄

海陆志　额尔齐斯河与鄂毕河：穿越山岭终相遇

69

穿越山野深处 科考博物观察笔记

1 新采摘的松茸　许文强摄
2 当地人捕捞的鱼，算是一笔额外收入　许文强摄
3 厄斯克门段额尔齐斯河里游弋的野鸭　许文强摄

碍，在东经 69°、北纬 61° 的地方相遇了，因此成就了源自中国的唯一的北冰洋水系河流。这里并非是它们的终点，它们还将携手共进，在大地上向西北划出一条巨大的弧线，穿越狭长的鄂毕湾，最终在俄罗斯的亚马尔半岛附近注入北冰洋。

参考文献

[1] 汤奇成. 额尔齐斯河—鄂毕河径流资源特点 [J]. 世界地理研究，1993(1): 95-98.

[2] 李德新. 西去的额尔齐斯河 [J]. 新疆人文地理，2010(5): 40-46.

[3] 梅春才，郭培清. 额尔齐斯河—鄂毕河：亚欧整合的一种可能路径 [J]. 世界知识, 2017(1): 38-39, 42.

鸟兽曲

如果你写阿尔泰山,就不能只写阿尔泰山,一定要写其特有的物种;如果你画额尔齐斯河,你就不能只画额尔齐斯河,要勾勒河岸林中的独特生灵。

对应到现实的科学考察中,其实也一样,科学家对阿尔泰山和额尔齐斯河的考察,不只关注水资源、气候变迁、地质演化,他们还会关注其中的鸟兽鱼虫,因为这些生灵的存在,才能从某种侧面,印证这里生态变迁的情况,才能映射出资源环境的保护与利用是否合理。所以,在关注资源环境的同时,我们也关注了那些极富特色的物种,特别是那些"古灵精怪"的鸟兽鱼虫……

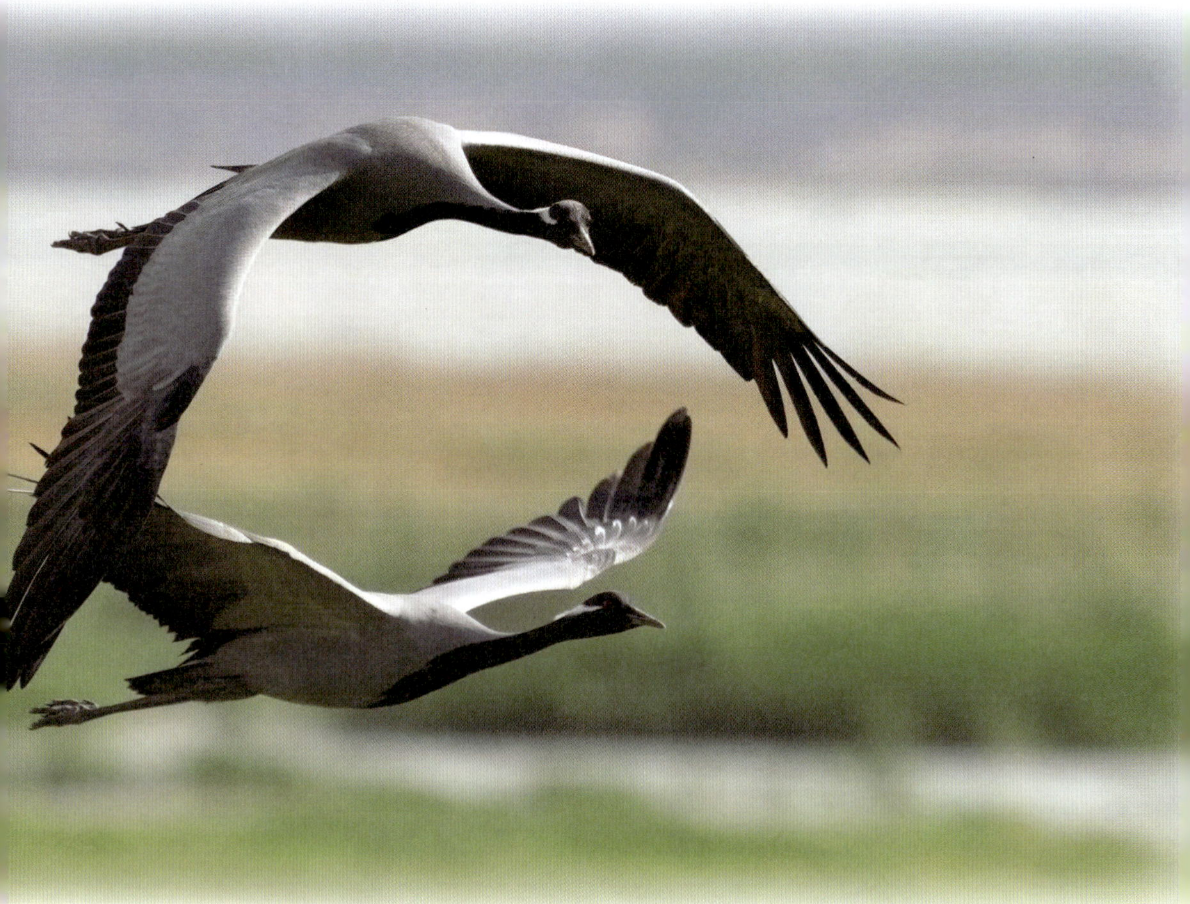

攀雀新疆亚种:"情歌王子"与"建筑大师"的混合体

5月初，额尔齐斯河两岸风光最美的季节刚刚拉开序幕，攀雀新疆亚种就已经迫不及待地开始筑巢求爱了。

额尔齐斯河的水面相对于其他大河而言，显得更加沉稳平和，很少出现大江浪滔滔的画面，但它有种隐隐然的宏大气势，让你站在岸边就不由得生出几分敬畏来。你说不出这种感觉的源头，但能感觉到它的存在。

作为中国唯一流入北冰洋的河流，源自阿尔泰山西南坡的额尔齐斯河，其流域内众多的支流均从干流右岸汇入，形成了典型的梳状水系。流域内生长着白杨、胡杨、青杨、黑杨世界四大杨树派系的野生种，这里是中国唯一的天然多种杨树自然景观汇聚地，素有"世界野生杨树基因库"的美称。可能也是因为河岸各种杨树汇聚，攀雀新疆亚种（*Remiz pendulinus stoliczkae*）特别喜欢在河岸林中筑巢求爱，度过一整个繁殖季。

我们原本正在河岸林中进行水土资源调查，却被林间此起彼伏的鸟鸣声所吸引，发现了几只吊在树枝上正处于"织造"过程中的羊毛鸟巢。时逢5月初，额尔齐斯河两岸风光最美的季节刚刚拉开序幕，攀雀新疆亚种（以下简称"攀雀"）就已经迫不及待地开始筑巢求爱了。这场面，确实有些引人入胜。

▲ 攀雀织了一半的巢穴骨架　马鸣摄

确切地说，雄性攀雀是边筑巢边求爱的，它那精致厚实的囊袋状羊毛鸟巢，是它有资格求爱的基础，没有巢穴的攀雀，不配谈爱情。这与许多鸟类先谈恋爱再共同筑巢的习性是不同的。只不过，攀雀不会将巢完全织好，而是留下两个小圆口，边筑巢边唱歌，吸引雌性攀雀前来观看，如果雌鸟满意它的歌喉及巢穴，经过几番考察之后，雌鸟便会与雄鸟共同将鸟巢中的一个小圆口封上，然后交尾、产卵、孵化并共同养育后代。

我们在河谷林中用望远镜观察筑巢的攀雀，发现攀雀的雄鸟简直就是位"情歌王子"，在寻找筑巢用材的过程中，都在放声唱着情歌，发出高调而动人的哨音，其中夹杂着一连串快速的鸣叫。有时候又像是在两种曲调中随意切换，总之，怎么吸引雌鸟怎么来。还真有不少雌鸟会在不远处观望，也许是在聆听情歌，也许是在考量鸟巢的建造水准。

看到这里，你一定感到困惑，用望远镜观察这种体型不过十几厘米的小鸟，我是如何辨别雌雄的？它们真的很好区别，攀雀最显著的特征就是面部有佐罗般的眼罩，雄鸟更为突出，是典型的黑色眼罩，而雌鸟则是深棕色或褐色眼罩。看它们双宿双飞的时候，感觉像两个蒙面大侠谈恋爱，它们到底有没有看清楚对方？

应该说，羊毛鸟巢成就了攀雀"鸟类建筑大师"的名号。新疆著名的动物学家马鸣老师告诉我，攀雀属于典型的攀禽，有着非常高超的攀缘技巧，是鸟类中优秀的"单杠运动员"。在筑巢求爱的过程中，它们更是将此技艺发挥到了极致，感觉就像是在进行一次又一次的体操单杠表演。它们衔来羊毛，选择一个结实稳定的杨树枝杈，便开始了它们的筑巢表演。攀雀在整个筑巢过程中不断地用爪子摁住羊毛绒絮，用嘴将其扯长后绕着树枝转圈，并用羊毛反复缠绕枝杈来固定整个巢。它们也将羊毛拉长的纤维反复缠绕在巢壁外部，目的是包裹里面的杨花、柳絮等，让巢显得又厚实，又温馨，别有一番味道，仿佛在树立"靠谱丈夫"的形象。

科研人员通过多年的观察发现，攀雀筑巢的速度非常快，大概7~8天就可以修筑一个鸟巢。一般情况下，鸟巢宽约15厘米，长约22厘米，巢壁比较厚实，有较强的稳定性，不会轻易因风雨侵袭而来回晃动影响雏鸟的孵化和生长。攀雀筑巢的时间与杨柳开花吐絮的旺季相符，这个时间段的昆虫也十分充足，各类鳞翅目昆虫的幼虫及小甲虫都是攀雀的美食。细细想想，攀雀真的是一种很会顺应万物规律的鸟儿，它选择合适的时段，建造适宜的鸟巢，寻觅适配的对象，找到适口的食物，繁殖期的一切必要条件都恰逢其时。

不过，不是每一个成功筑巢的雄性攀雀都能幸运地求爱成功。有些雄性攀雀一个求偶季会筑数个巢，因为有的巢筑好了，却没有吸引到雌鸟，此时它会果断放弃这个鸟巢，赶紧另寻一个良枝筑巢，并对其他雌鸟展开追求。从这一点来看，它还真有点富家公子哥的潇洒，爱巢不过身外之物，既然没有吸引到漂亮的伴侣，绝不留恋，赶紧开始修筑下一个爱巢。在河谷林里，我们看到多个空荡荡的有着两个圆口的攀雀巢，那是被弃用的攀雀巢，或者说，是没有结到良缘的空巢。

▲ 攀雀回巢 马鸣摄

不过一旦成了家，攀雀都是好父母，会共同抚养雏鸟。我们观察到一个已经孵化了小鸟的攀雀家庭，成鸟负责外出捉虫，它们每次叼住一只虫子，就会迫不及待地赶回巢穴，里面的雏鸟就会从鸟巢上留下的那个圆口中探出头来，张大嘴露出耀目的橘黄色喙要食物。攀雀雏鸟橘黄色的喙特

穿越山野深处 科考博物观察笔记

1	
2	3

1　攀雀花篮，只是半成品　马鸣摄
2　攀雀窝大都筑在密林中　马鸣摄
3　攀雀鸟巢的尺寸　蒋可威摄

别明显，即便是它们躲在鸟巢中，我们这些观察者也能比较清晰地看见窝中那一抹抹耀目的橘黄。

马鸣老师告诉我，攀雀在雏鸟回巢问题上，有些与众不同。很多鸟类的雏鸟一旦离开鸟巢就不再返回了，但攀雀不同，大约有两周的回巢期，会由雌鸟带着小鸟们回巢，待它们都适应之后，再离开父母的庇护。这行为听起来温情且治愈，让人觉得攀雀是情感细腻的鸟儿。

我们在开拔前往下一个调查点的时候，已经有很多攀雀寻得了佳偶，我们无法再久待，只好想象那众多鸟巢中，一个个张着橘黄色大嘴的小鸟可爱的模样。在额尔齐斯河的河谷林中，还有很多这样有趣的动物，我们尚未统计，但可以确定，河谷林的生生不息，与这些有趣生物的存在息息相关。或许，这也是额尔齐斯河那隐隐然的宏大气势存在的基底，让你敬畏的，是大自然那旺盛的生命力。

参考文献

[1] 王苪，刘杰，林祥俭. 攀雀的"靴子"[J]. 森林与人类，2013(5): 36-43.

[2] 梅宇，马鸣，胡宝文，等. 新疆北部白冠攀雀的巢与巢址选择[J]. 动物学研究，2009, 30(5): 565-570.

[3] 杜欹. 攀雀亲属们的不同建筑风格[J]. 知识就是力量，2006(5): 26-27.

[4] 童骏昌，周薇薇，杨学明，等. 攀雀繁殖生态的研究[J]. 动物学报，1985(2): 154-161.

[5] 杨晓芳. 鸟类求爱趣闻[J]. 科技潮，2003(1): 44-45.

[6] 芦珍文. 趣谈动物的"建筑"[J]. 农业知识，1996(8): 49-50.

[7] 布衣. 鸟巢面面观[J]. 人与自然，2002(8): 38-43.

[8] 向礼陔，黄人鑫. 新疆阿尔泰山鸟类的研究（Ⅰ）——鸟类的分布[J]. 新疆大学学报（自然科学版），1986(3): 90-107.

[9] 黄人鑫，向礼陔，马纪. 新疆阿尔泰山鸟类的研究（Ⅱ）——鸟类的食性[J]. 新疆大学学报（自然科学版），1986(4): 79-92.

岩雷鸟：身处苔原也逍遥

岩雷鸟喜欢桦树、柳树及各种植物的嫩枝、嫩芽、嫩叶和种子，身材丰满敦实，步态雍容闲散。

即便是夏季，阿尔泰山的高山苔原带也并不温暖，好在阳光很好，晒得后背热乎乎的，让身体的舒适度略有提升。而此行野外调查的目的，就是要在高山苔原带收集一些比较特殊的苔类植物。

一说苔藓，很多人脑海中立刻浮现出的场景应该是在郁闭度较高的森林里，岩石上那些绿色的附着物。其实，苔藓种类繁多，全世界苔藓植物约有23000种，数量可谓庞大。且多数苔藓植物在40~45℃的高温条件和-15~10℃的低温条件下均能维持光合能力，这也是其在地球上分布广泛的原因。所以研究苔藓的科研工作者经常说，研究木本植物的人是在研究看得见的森林，而我们是在研究看不见的森林。

我们找到一大片苔类植物富集地，赶紧各自分工，我的任务只有一个，就是拍照。刚趴下调整相机微距，突然一只与裸露岩石的花纹差不多的小胖鸟跳了出来，先是跑了几步，然后飞进了我们身后的泰加林中。这着实吓了我一跳，惊叫一声还差点扔掉手上的相机，因为在那一瞬间，我以为是一块松动的岩石块向我砸了过来。

我还惊魂未定，旁边的人问："看清楚没？不会是一只岩雷鸟吧？""眼泪鸟？那是什么？"我一时没反应过来，没好气地问。周围人一下笑开了："连岩雷鸟都不知道，还眼泪鸟，你怎么不说黛玉鸟？""没看清楚，反正就与岩石的纹路差不多。"我有点遗憾，虽然没有见过活体，但新疆自然博物馆里的冬季岩雷鸟标本，我是认真看过的，刚才一慌神，竟没有认出来，与之擦肩而过了。

在接下来的几天里，我总是往山坡上苔藓和地衣附着较为茂盛的岩石堆里看，希望能看到岩雷鸟的踪影。7月正是岩雷鸟繁殖的季节，如果我们幸运，应该能遇到正在求偶的雄性岩雷鸟划分领地。它会在自己的领地内，与2~3只雌鸟交尾，然后留下雌鸟独自营巢孵化。雌鸟也通常在雄鸟的领地中营巢，颇有些旧式家族大宅院里妻妾成群的味道。

我越是渴望找到它，越是探寻无果。我用相机的镜头在岩石边、灌丛里反复搜寻，没有任何发现，不由得后悔，当时为何那么慌张，吓走了近在咫尺的岩雷鸟。

岩雷鸟广布于北美洲的北部及欧亚大陆极北部的北极圈内，它的亚种分化多达27个，其中分布于中国的主要在阿尔泰山区域活动，阿尔泰山区是它们分布的最南界限。

徘徊了6天之后的黄昏时分，我的镜头终于在一块大岩石旁的灌丛下，搜索到一个搭建随意的鸟巢，里面有几枚赭色且密布栗色斑点的鸟卵。一只胖乎乎的岩雷鸟雌鸟正在旁边悠闲地觅食，它身材丰满，边走边吃，仿佛眼前这一片高山苔原都是它家的后院，当然也时不时机警地抬头看看周围。

别以为岩雷鸟觅食的时候真那么放心大胆不怕被袭击，其实它那一身羽毛就是很好的保护伞，一般情况下不太容易看清楚它，稍不注意它就像有隐身功能般没入周遭的环境中，它身上的花纹与周围的岩石及杂乱的环境实在太接近了。胖乎乎、跑不快、飞不远的岩雷鸟，靠一身羽毛的保护色，得以在这样一个气候环境相对恶劣的区域内繁衍生息，随时"隐身"也是此类群进化出来的求生法则。

我不敢靠近，也没有必要靠近，虽然我不观鸟，但观鸟的朋友常挂在嘴边的一句话我是知道的："在能看清楚的前提下，能离多远就离多远。"因为离近了鸟会飞，得不偿失；况且，想看它最自然的状态，远距离观察最好，尽量不去打扰。我见它又回窝孵卵，盯了一会儿没有发现别的举止，也没看到它的"夫君"，耐不住暮色中的寒意，就草草收工了。

马鸣老师告诉我，岩雷鸟每窝产卵6~13枚，孵化期为25天左右。岩雷鸟属于苔原—亚寒带针叶林鸟类，它的栖息地大多在北极冻原带、冻原灌丛森林、多岩石的草甸地带，以及高山针叶林、高山草甸等地带。除了繁殖期，它们大多数情况是成群活动的。我最开始遇到的很有可能是一只正在划分领地的雄鸟，结果被我给打扰了。繁殖期外，它们喜欢三五成群地活动，到了冬季有时甚至可达百只以上，只不过现在受气候变化的影响，

▲ 岩雷鸟瞭望中　徐友摄

▲ 穿长靴的岩雷鸟　徐友摄

雪地里，岩雷鸟在散步觅食　范书财摄

百只以上的群落已经很少有人见过了。气候变化引起的物种盛衰，似乎从一个侧面反映了这世界的浑然一体。其实，生死原本就同在且混融，只是我们离那些生灵越近，就越清晰地看到万物与自然千丝万缕的联系，看起来变幻莫测的世界，其实有自己的规律和时间表。

岩雷鸟看起来敦厚朴实，实则是时髦的"换装鸟"。夏季，岩雷鸟的上体就是我看见的那种黑褐色并间有黄棕白三色斑纹的羽毛，不动的时候像一块花岩石。冬季，雄鸟和雌鸟都是浑身白色，但尾部边缘呈黑色，而且自嘴角至眼后有一条较宽的黑色过眼纹，像极了时髦女士化的烟熏妆。不仅身上换装，脚上也如同套上了厚厚的白色靴子，披着一层厚实的白色羽毛，颇有一种整体搭配的"时髦精"的既视感。

其实，闲庭信步的岩雷鸟，举止形态与家里散养的鸡一样，主要在地面活动，丰满敦实，步态雍容，边走边吃。对食物不太挑别，喜欢桦树、柳树及各种灌木和草本植物的嫩枝、嫩芽、嫩叶与种子、果实等。

作为松鸡科动物，岩雷鸟千百年来一直是人们狩猎的对象。能吃的中国人格外注重舌尖上的快乐，基本把中国的松鸡科动物逼到了绝境，在我国境内分布的 8 种松鸡科动物，无一例外地被纳入到《国家重点保护野生动物名录》中。好在新疆这些年十分注重保护，岩雷鸟新疆亚种的数量还维持在一个比较稳定的范围内。

参考文献

[1] 于凤琴，刘兆明，赵天华，等 . 泰加林 中国北疆的极地风情 [J]. 森林与人类，2022(8): 32-43.

[2] 李娜，丁晨晨，曹丹丹，等 . 中国阿勒泰地区鸟类物种编目、丰富度格局和区系组成 [J]. 生物多样性，2020, 28(4): 401-411.

[3] 黄人鑫，马力 . 新疆山地森林鸟类的分布及食性和营巢特征的初步研究 [J]. 新疆大学学报（自然科学版），1989(2): 80-92.

1	2
3	4
5	6

1　岩雷鸟在雪野中遛弯　范书财摄
2　岩雷鸟展翅　范书财摄
3　雪中双舞的岩雷鸟　范书财摄
4　岩雷鸟穿雪靴　范书财摄
5　岩雷鸟　徐友摄
6　"恶女"妆的红色眼影很醒目　范书财摄

鸟兽曲　岩雷鸟：身处苔原也逍遥

粉红椋鸟：草原牧歌的守护天使

可爱的粉色小鸟,小小的身躯既能替人"消灾"又极富智慧,着实让人惊喜。

相比田园风光，某种意义上我更喜欢草原牧歌，因为它能让你的视域更宽广，与自然更亲近，也更容易感受生命的律动。特别是阿尔泰山区系的草原，在额尔齐斯河的孕育下，将各类景观浓缩在一起，让你很容易就能领略到草原、河湖、山川和森林不同风格的美。吉木乃草原就位于其中，它不仅有秀美的草场、天然奇石地貌，还是通天洞遗址的发现地，以及较为罕见的沼泽小叶桦的集中生长地。

但是，随着近年来天然草场载畜量的变化，吉木乃草原出现了草场退化状况。我跟随的实地调查小组，前往吉木乃草原，就是要围绕草场的河流水源补给、草畜矛盾、草原生态和草场生态评估等展开调查。而我，也有幸能在吉木乃草原上驻扎几天，深度了解这片充满神奇色彩的草原。

拂晓之前，雾霭笼罩下的吉木乃草原，一切尚未苏醒，散发出混合着泥土和芳草的清新气息。我走出帐篷，望着远处的地平线，等待阳光洒向草原，那一刻的宁静，有种无与伦比的美。在这寂静中，我似乎听到了某种昆虫缓慢而沉稳的低鸣。低头看向自己脚下的草地，居然有不少蹦蹦跶跶的蝗虫，瞬间，一丝惊恐掠过我的脑海。是的，蝗虫，草原美景的杀手，它们所到之处，草原尽毁，牛羊无食，牧人泪洒——一切都会因为它们的到来而变得灰暗。蝗虫的鸣叫就是草原的悲歌，蝗虫的痕迹就是草原的噩梦。

我的担心还没有"结成网"，就见几十只黑头、黑翅、粉腹、发出"ki——ki——ki"叫声的鸟儿扑了过来，它们似乎并不怕人，无视我的存在，稳、准、狠地一口叼着蝗虫就飞走了。我恍然大悟，难道这就是传说中的粉红椋鸟？蝗虫的天敌、草原牧歌的守护者？

随着太阳升起，我的猜测很快被证实。的确是一大群粉红椋鸟（*Sturnus roseus*），它们似乎分组行动，有的跟在牛群身后欢呼雀跃，有的则组团变换着队形在草原上波浪般起伏飞行。无论在哪个团组活动，所到之处皆爆发出阵阵欢腾的鸟鸣。看到它们，就看到了草原的守护天使，它们是蝗虫的绞杀者。

因为它们太闹腾，很难看清楚它们的模样，我好不容易在一群牛背上看到几只安静地停在上面的粉红椋鸟，发现它们的发型都很"潮"，有莫西干、大风头、飞机头、爆炸头等造型。想不到这形似八哥、身长不过20厘米左右的小鸟，还是潮流追随者。它的头部、飞羽和尾羽均是亮黑色，腹部、背部的羽毛则是粉红色，这种色彩组合也是碰撞明显。还等不及容我再仔细看看，它们就呼呼啦啦地起飞了，随后风一样没了踪影。

　　粉红椋鸟分布于中亚、西亚至欧洲东部和南亚的印度、斯里兰卡等地。中国新疆及中亚、西亚和东欧是粉红椋鸟的繁殖区，而印度、斯里兰卡等地则是它们的生活和越冬区。所以我们见到的这些咋咋呼呼的小鸟儿是来这里生宝宝的，也正因为如此，它们的食量惊人。科研人员的调查显示，粉红椋鸟除了捕食蝗虫，还捕食戈壁蝨蜥等昆虫。在人工饲养环境下，一只中等日龄的粉红椋鸟雏鸟每日平均可以吃掉137只西伯利亚蝗虫或22.7只戈壁蝨蜥。而一只成年粉红椋鸟则每日平均可以吃掉167只西伯利亚蝗虫或74只戈壁蝨蜥，如此食量，足以让蝗虫闻风丧胆。让我困惑的是，如果把每天吃掉的这些蝗虫堆起来，恐怕体积要远远大于一只成年粉红椋鸟本身，粉红椋鸟这么能吃，居然体型纤细秀美，一点儿也不臃肿，难道是体内有什么特殊的纤瘦基因吗？

　　每年约有200万~400万只粉红椋鸟在新疆栖息繁育，广泛分布于各类草原蝗害区。很多年前，新疆北疆草场富集的地方，人们为了迎接粉红椋鸟的到来，专门在草原上堆砌石头或砖块，人工为它们建房屋，期盼有更多粉红椋鸟出生。人们希望用这种生物防治的方式来对付蝗虫，减少蝗灾造成的损失，也更好地保护草原的生态环境。对于粉红椋鸟，草原上的牧民是非常熟悉且喜欢的，或许这就是它们不怕人的原因。

　　回到帐篷里，6岁的哈萨克族小姑娘朱丽迪孜看着我手机里拍的粉红椋鸟的照片，慢悠悠地说："它们是我们的好朋友，它们和我们一样，有好朋友，也有敌人，应该是我们跟它们一样。"

粉红椋鸟瞭望远方 马鸣摄

粉红椋鸟　徐友摄

发型很酷的粉红椋鸟　赵春辉摄

我顿悟，一百多年前，著名自然文学家约翰·巴勒斯（John Burroughs）在纽约自然历史博物馆对着600多名来自不同国家的孩子说的那段语出惊人的话是什么含义。他说："不要来博物馆里看赝品，不要在博物馆里寻找自然，让你们的父母带你们去公园或海滩，只有你伸手摸得到的才是真正的自然……"是的，我们在教室里照本宣科地跟孩子说保护自然，搞自然教育，但是有哪种自然教育比实景教育更好？我不用告诉朱丽迪孜要爱护这些粉色的小鸟，但她天然就会去爱护，因为她全身心体会了大自然中的一切。教导一群天天卷试卷分数的孩子热爱自然，如果没有触摸过自然，他们的热爱从何而来？

几天的观察中，让我惊异的是它们如此热爱群聚生活，基本看不到落单的粉红椋鸟，它们几乎同步日出而行，日落而息，仿佛一刻也不能分离。我从未见过这么喜欢集体生活的鸟类。

科学家通过对粉红椋鸟群聚行为的观察发现，粉红椋鸟采用的是聚群繁殖，每个巢域内的所有个体都是群聚觅食的主体，除了留守个体，其他个体都同时离巢觅食。是小群体时，它们喜欢跟随在大型野生动物群或家畜群的后面捕食被惊起的蝗虫。而当出现大的群体时，它们则采取波浪式向前推进的方式来捕食蝗虫，即前面飞行的群体利用飞翔过程中产生的气流和叫声惊扰蝗虫使其暴露，紧跟其后的个体迅速捕食被惊起的蝗虫。整个捕食过程中，前后个体之间不停地交换空间位置，保障每一只粉红椋鸟都能获得捕食机会。好聪明的小鸟，它们喜欢聚集的行为特征与捕食关系密切相关，是进化出来的生存之道。

科学家还发现，粉红椋鸟每天傍晚归巢前都要寻找附近的水源，集中在这里进行洗浴，这种清洁行为可以洗去体表的寄生虫，以免将其带回巢域传染给幼体或感染其他同居者。从动物行为学的角度看，这也是对集群行为的一种适应。

粉红椋鸟雏鸟成长速度非常快，从破壳到展翅仅需20天左右；同时，

1　粉红椋鸟叼着虫子　马鸣摄
2,3　粉红椋鸟的大风头　赵春辉摄

鸟兽曲　粉红椋鸟：草原牧歌的守护天使

97

穿越山野深处 科考博物观察笔记

▲ 成群的粉红椋鸟飞累了在休息　马鸣摄

雏鸟的食量很大，有时甚至超过了成鸟，它们就像永远吃不饱一样，不停张着嘴嗷嗷待哺，成鸟只好不停地捕捉蝗虫，叼着满嘴的蝗虫回巢哺育雏鸟。雌鸟会比较耐心，小口小口地将蝗虫喂入雏鸟口中，看着食物被完整吞食；雄鸟则将叼回来的蝗虫往雏鸟口中一塞，紧接着就飞走了，哪怕有蝗虫掉了出来，也不会多停留。随着雏鸟长大，它们会逐渐出巢，跟随父母看一看外面的世界，成鸟也会采用各种方式训练雏鸟，让它们迅速学会捕食、锻炼体能，因为紧接着就是一场艰苦卓绝的长距离迁徙，它们必须翻山越岭、穿越荒漠，回到生活和越冬的印度或斯里兰卡等地。

绝大部分粉红椋鸟迁徙群体的数量为30~150只，它们会到了繁殖区或生活区再聚集成大群。可能是小群体迁徙便于指挥和管理，而大群体聚集便于生活和觅食，真是神奇的鸟类智慧。

粉红椋鸟与其他许多鸟儿一样都会出现种群数量的周期性波动，这在繁殖地尤为明显。某个年份会特别多，俗称"大年"；而某些年份会比较少，俗称"小年"。有专家认为，首先是生态平衡会制约某个物种无限扩大种群，这是自然淘汰法则；其次应该与食物有关，它在繁殖期的主要食物是蝗虫，而蝗灾也是有周期规律的，在食物不够充足的情况下，自然会影响它的繁殖数量，随之也就出现了"小年"。

可爱的粉色小鸟，小小的身躯既能替人"消灾"，还有那么多生存智慧，着实让我惊喜。我坐在毡房门口，看着漂亮的朱丽迪孜望着牛群身后那群粉红椋鸟满眼的爱意，我明白了自然教育的真正意义，让人们触摸大自然，继而爱上大自然，那种爱发自心底，无须强化，也无须训导。

参考文献

[1] 王晗，于非，吴烨，等. 近50a新疆粉红椋鸟栖息地气候演变特征[J]. 干旱区地理，2013, 36(4): 601-608.

[2] 西锐. 粉红椋鸟：草原的铁甲兵[J]. 新疆人文地理，2013(4): 96-97.

[3] 吕琪，李凯，胡德夫，等. 粉红椋鸟聚群觅食行为[J]. 生物学通报，2007(12): 26-27.

[4] 王子涵，张淑萍，薛达元. 新疆阿勒泰地区粉红椋鸟的繁殖生态及雏鸟食性研究[J]. 四川动物，2011, 30(5): 777-779.

[5] 刘璐. 粉红椋鸟成长全记录[J]. 森林与人类，2018(7): 32-47.

阿波罗绢蝶：冰河期的孑遗物种

阿波罗绢蝶后翅上那些耀目的红色斑点，格外显眼，飞起来就像四轮冉冉升起的小太阳。

对蝴蝶最初的印象，是小时候院子里花圃中飞舞的蝴蝶，以浅黄色多见，偶尔有淡绿色或蓝紫色的。其实，我分不清蝴蝶和蛾子，很有可能把天蚕蛾也当成了蝴蝶，毕竟在懵懂孩童的眼中，花间飞舞的只有三种小昆虫：蝴蝶、蜜蜂和蜻蜓。

在我不懂其意却摇头晃脑背诵"庄生晓梦迷蝴蝶，望帝春心托杜鹃。沧海月明珠有泪，蓝田日暖玉生烟"的时候，绝对想不到印象里常见的浅黄色蝴蝶会被列入国家保护动物名录，直到我在喀纳斯湖见到阿波罗绢蝶（*Parnassius apollo*）。

当时与几位老师在喀纳斯湖畔做植被覆盖度调查，见几只浅黄色近乎透明的大蝴蝶在一丛开着黄色花朵的杂交景天（*Sedum hybridum*）旁飞舞，我比较"手贱"地想去招惹一下它们，身后的人一把拽住我说："你可不能犯罪，那是国家二级保护野生动物，不能随便扑。"我一脸懵，什么时候随处可见的黄蝴蝶都列入《国家重点保护野生动物名录》了？

他们见我不相信，让我仔细看看，这种蝴蝶的后翅上，有四只镶了黑边的"红太阳"，不是平常在花圃里看到的那种。这是冰河期的孑遗物种、珍贵的大中型绢蝶——阿波罗绢蝶。我这才发现，这种蝴蝶确实比平常花圃里的蝴蝶大多了，翅展看起来有7~8厘米宽，且翅形浑圆，翅膜五色透明，状如丝绢。后翅上的那些耀目的红色斑点还真是格外显眼，飞起来就像四轮冉冉升起的小太阳，甚是好看，怪不得同行者一眼就能认出是阿波罗绢蝶。

这下可勾起了我对阿波罗绢蝶的兴趣，接下来几天在湖畔的植物调查中，我时不时会去关注有没有阿波罗绢蝶。同行的新疆著名植物、地理学家海鹰教授看我找得辛苦，告诉我："你在景天科的植物旁边比较容易找到它们。""为什么？它们只喜欢景天科植物的花吗？"我不解地问道。"不，其他植物的花它们也喜欢，只是阿波罗绢蝶幼虫的寄主是景天科植物，现在是它们的交配产卵季，所以在景天科植物旁见到它们的概率大一些。"

1	
2	3

1 哈萨克斯坦伊犁阿拉套国家公园大阿拉木图湖畔拍到的阿波罗绢蝶　张欣摄
2 阿波罗绢蝶标本　蒋可威摄
3 布尔津县喀纳斯拍到的阿波罗绢蝶交尾中　张欣摄

鸟兽曲　阿波罗绢蝶：冰河期的子遗物种

1　觅食中的阿波罗绢蝶　范书财摄
2　乌鲁木齐市米东区阿波罗绢蝶被蜘蛛捕食的残骸　张欣摄

我琢磨着，最初我遇见它们的地方就是在一丛杂交景天旁，有没有可能正好遇到它们在产卵？想到自己当时差点"手贱"，不由得生出几分愧意来，好在被及时制止。但我仍然好奇，阿波罗绢蝶为何早在1975年就成为昆虫纲中第一批被纳入《濒危野生动植物种国际贸易公约》附录Ⅱ的保护物种？

阿波罗绢蝶属于耐寒的物种，主要栖息于海拔750~3000米的山区。在国外主要分布于哈萨克斯坦、吉尔吉斯斯坦、蒙古国等中亚国家，以及法国、芬兰、波兰等欧洲国家，在国内仅分布于新疆。科研人员在多年的调查中发现，如今日益加剧的全球气候变化对阿波罗绢蝶的分布及其与寄主的关系产生了显著的影响。新疆是全球气候变化最为显著的地区之一，气温上升较明显。但阿波罗绢蝶在长期的进化过程中，早已习惯了低温的山区环境，冬季温度偏高或早春温度迅速回升都会影响阿波罗绢蝶的卵安全越冬和胚胎正常发育，会导致其种群数量不断减少。加上栖息地被破坏，如今新疆的阿波罗绢蝶种群数量较20世纪80年代减少了接近一半，且80.4%的阿波罗绢蝶集中分布在海拔1600~2100米的山区，还有向高海拔迁移的趋势。

科学家发现，气候变化是影响昆虫种群数量与分布的关键因素。对于扩散能力比较强的类群，随着气温的升高，它们的分布区会逐渐北移或出现在海拔更高的地区；而对于扩散能力较弱的类群或高海拔类群，几乎没有机会去适应气候变化，从而导致分布区缩减，甚至局部灭绝。为逃避气候变暖，阿波罗绢蝶向比较凉爽的高海拔区边缘扩散。

与其他蝶类一样，阿波罗绢蝶一生中最重要的使命就是繁殖后代。每逢夏季，它们破茧羽化为成蝶，飞舞在繁花中，依靠虹吸式口器吸食着各色花蜜，享受甜蜜的过程中也为花花草草授粉。蝴蝶羽化即代表发育成熟可以繁殖，雄蝶就开始四处寻觅"佳偶"，在花间追逐伴侣，缠绵尽兴后，间隔一两天又再次寻"新欢"，一般情况下雄蝶可以与3~4只雌蝶交配，像极

穿越山野深处 科考博物观察笔记

▲ 在特克斯县阿克塔斯拍到的阿波罗绢蝶　张欣摄

了"花花公子",所以蝴蝶常常被人们冠以"花蝴蝶"的名头,也不算冤枉它。不过,雌性阿波罗绢蝶则只能交配一次,交尾后的雌性阿波罗绢蝶将卵产在杂交景天等植物附近的岩石、地表或其他干枯植物上,一般不直接产在寄主上,以卵越冬。幼虫以景天科植物为寄主,发育完成后经过一个蛹期,待到次年6—8月间羽化为成虫。

当然,阿尔泰山的蝶类可不止阿波罗绢蝶一种。在阿尔泰山海拔400~3200米间共有10个自然景观带,如此多样的地形、地貌及温湿度环境,为多种特殊类型蝴蝶的生存创造了极为有利的条件。目前在阿尔泰山发现

的蝶类有爱侣绢蝶（*P. ariadne*）、镏金豆粉蝶（*Colias chrysotheme*）、昙梦灰蝶（*Lycaena thersamon*）、银斑豹蛱蝶（*Speyeria aglaja*）等5科61属100多种，足以让你眼花缭乱。也因此，阿勒泰山及周围地区的蝶类资源一直被昆虫学界所关注。

当然，最著名的肯定还是阿波罗绢蝶这种大中型绢蝶，整个喀纳斯自然保护区对其有严格的保护机制，想到我差点违法，心里不由得一颤，以后去野外做调查，一定要管好自己的手！

参考文献

[1] 杨军，白合提亚·安外尔.国家二级重点保护野生动物——阿波罗绢蝶 [J].新疆林业，2015(2): 50.

[2] 于非，王晗，王绍坤，等.阿波罗绢蝶种群数量和垂直分布变化及其对气候变暖的响应 [J].生态学报，2012, 32(19): 6203-6209.

[3] 林建新.5种绢蝶翅面斑纹特征的鉴别 [J].安徽农业科学，2009, 37(34): 16865-16866.

[4] 李都.阿波罗绢蝶 [J].生物学通报，2002(12): 21.

[5] 武春生.中国阿波罗绢蝶的资源状况 [C]// 昆虫学创新与发展——中国昆虫学会2002年学术年会论文集，2002: 695-697.

[6] 李义龙，郑德蓉.蝴蝶资源的开发利用与保护 [J].生物学通报，1993(11): 42-44.

蒙新河狸：动物界的筑坝高手

蒙新河狸的耳朵能折叠且覆有鳞片,前爪像手后爪像蹼,总让人有一种它是"变形鸭嘴兽"的错觉。

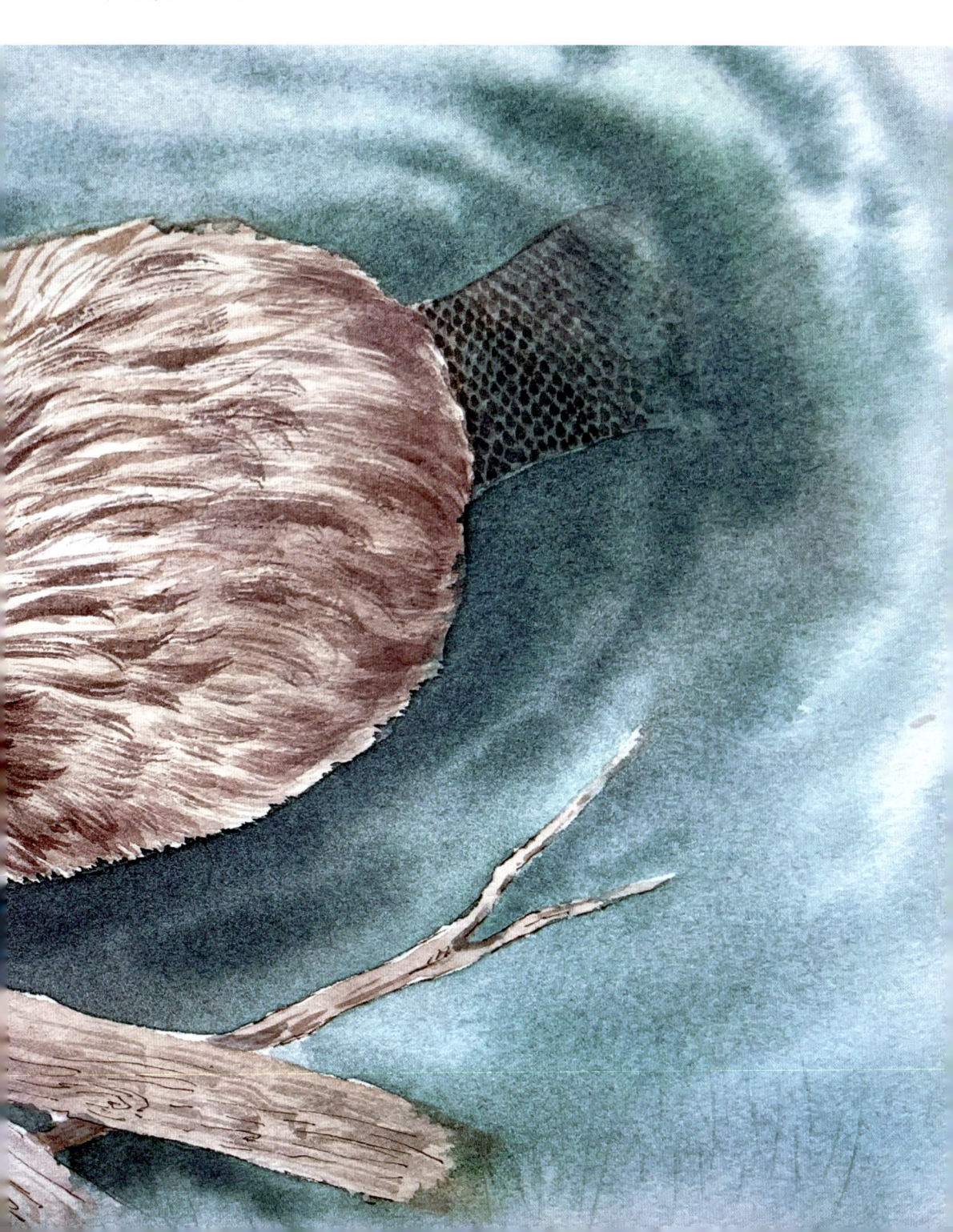

在真正看到河狸之前，我脑海中的它应该类似于鼬科动物，因为在我知道河狸这种动物之前，先知道的是"海狸香"，它与麝香、灵猫香、龙涎香并称为"四大名贵动物香料"。作为天然香料，在调配各种花香型香精时，常用海狸香作为定香剂，以增加香精的"鲜"香气。而我，是一个资深香水爱好者，自然会好奇这种名贵动物香料的出处——雌雄河狸泄殖腔内两侧的香囊。

听起来似乎有点不太文雅？是的，四大名贵动物香料的出处，都不太让人舒服。但热爱香料的人们似乎并不在乎"前因"，而只重视"后果"，毕竟它们最终产生出来的味道，会让我们大脑的中枢神经获得愉悦感。

直到我看到新疆广播电视台拍摄制作的《河狸的故事》，才知道它真实的模样。最初，我也只是通过这部纪录片认识了河狸，但始终都没有见过活物，直到我跟随第三次新疆综合科学考察队在额尔齐斯河支流的布尔根河谷地开展实地考察，才有幸亲眼看见河狸的模样。这一片，是它的栖息地。

河狸亦称"海狸"，为水陆两栖兽类，是200万年前的孑遗

种群，也是当今啮齿目动物中体型最大的动物。而现存的河狸有两种：北美河狸（*Castor canadensis*）和欧亚河狸（*Castor fiber*），北美河狸分布于北美洲，有20多个亚种。而欧亚河狸则分布在欧洲及亚洲北部，有8个亚种。历史上欧亚河狸的分布范围从西欧一直延伸到西伯利亚东部，是古北界动物区系的关键物种。而我见到的蒙新河狸（*Castor fiber birulai*），则主要分布在流经蒙古国和我国阿勒泰地区的布尔根河流域，是欧亚河狸分布区最南缘

▲ 游到河畔的河狸挥动着桨一样的尾巴　石峰、蔡志刚摄

的一个亚种。

蒙新河狸的外形有些萌，也有些怪，像一个拖着奇怪尾巴的土拨鼠，胖乎乎的却很擅长游泳。前爪像手，后爪却像蹼，这些特征总让我有一种它是"变形鸭嘴兽"的错觉。最让我好奇的，是它肥大且扁平像皮质船桨般的尾巴，尾巴上居然还覆盖着鳞片，而且鳞片间有少许短毛。一个毛茸茸的"胖土拨鼠"却长了如此模样的尾巴，让人有种猜到开头却没猜到结尾的感觉。

但正是这个奇异的尾巴，让蒙新河狸成了游泳高手，它能充当"船舵"的作用，即便是在湍急的河流中，也能稳住方向，助力速度；而在岸上，"皮质船桨"却成了支架，可以和它的后肢一起支撑身体，帮助它站起来啃咬树枝。据说，在遇到危险时，船桨一样的尾巴秒变警报器，它会用尾巴有力地拍打水面，告诉家族中的其他河狸"危险！危险！危险！"。

作为游泳健将的蒙新河狸，在陆地上的行动缓慢而笨拙，没有什么克服天敌的"硬功夫"，自卫能力很弱，所以它们从不远离水边活动，且多在夜间出行。能保障夜间出行顺畅的，不是那双炯炯有神的小眼睛，而是板栗一样的小鼻子，不论寻找食物、辨别领地、发现天敌，还是求偶，都靠那只"板栗鼻"。

开篇提到的海狸香，其实就是河狸香，科学家在河狸香中发现了约80种物质，其中酚类就有18种，醇类则多达21种。但是，被人类用来制香和药用的河狸香，对蒙新河狸来说作用完全不同，蒙新河狸产香是为了建造气味堆，标记领地。其家族成员常将泥土、树枝、杂草等堆成小堆，然后排上香腺分泌物，形成气味堆。它们是通过嗅闻气味堆来识别到底是不是家族领地的，也通过这种方式阻止其他河狸家族的入侵。

不过你很难通过气味堆就找到它们的巢穴，因为蒙新河狸非常机警，气味堆的地点都离巢穴有点距离。专家发现它们会优先选择在植被盖度高、距河水近且坡度低缓的河岸区域制作气味堆，这有利于蒙新河狸随时逃离。

1　河狸的爪子　石峰、蔡志刚摄
2　叼着树枝的河狸　范书财摄
3　难得白天看见河狸上岸　石峰、蔡志刚摄

蒙新河狸：动物界的筑坝高手

毕竟它们是如此多肉却又没有克服天敌攻击的"武器"，随时可以逃离就成了最优选择。

河狸是动物界中著名的"全能建筑大师"，不仅能筑造出结构合理、空间区分明确的"小宫殿"，还能适时利用地形建造"河狸水坝"。每当移居到一片新流域，它们做的第一件事就是用树枝、泥巴及石块筑一条坝，拦蓄河水，防止天敌侵扰，同时也利于运送食物。在北美，人们居然曾发现过长达上百米且能骑马通过的河狸堤坝。有专家测量过一些蒙新河狸所筑造的河狸坝两侧的水位差，很多都能达到2~3米。很难想象，蒙新河狸仅凭那双几厘米长的小爪子、行动缓慢且短小滚圆的身躯，竟能建造出这么高质量的水坝。

蒙新河狸那胖乎乎的身材，就暗示了它们并不挑食，喜欢食用各种植物的嫩枝、树皮、树根、茎秆等。可是，这些胖家伙虽然贪吃却不懒惰，有"存粮"的习惯。每到秋季，它们就更加频繁地外出寻找食物，并将树枝咬断成1米左右长的小短枝，拖到洞口附近的深水中储藏。到了冬季，不冬眠也不外出觅食，而是悄悄享用藏在水中的"存粮"，一点儿也饿不着。既会合理建造住所，又会有序"存粮"，真是个有长远规划的动物，怪不得它们身材虽不高大，也没有强大抵御天敌的"武器"，却超越了长鼻三趾马、板齿犀、剑齿虎等一众强大的同时代物种，存活在如今这个五彩斑斓的世界中。

但蒙新河狸生存空间十分窄小，在我国仅分布于乌伦古河及其上游的青河、布尔根河两岸。近年来，由于过度放牧导致的河谷林萎缩，以及修建水利设施破坏其迁徙通道和种群基因交流通道，蒙新河狸的繁衍生息受到了严重影响。根据科研人员的最新观测记录，乌伦古河流域共生活着190多个河狸家族，总数为600多只。

为了保护蒙新河狸，早在1980年就成立了新疆布尔根河狸自然保护区，2013年年底晋升为国家级自然保护区。保护区周边有4个村，均为牧业村，牧民希望通过扩大草场来增加自己的收益，而草场的扩大必然会影响蒙新河狸的生存空间。一项事关蒙新河狸保护的社区调查显示：保护区周边4个村的牧民普遍认为，蒙新河狸的保护与畜牧发展存在利用河谷林和草场的矛盾。好在越来越多的牧民生态保护的意识逐步增强，对划定的保护区，还是尽力予以维护，不去突破。如何协调这个矛盾，既能保护蒙新河狸，又能确保牧民的利益不受损，是一个需要深思和慎重处理的问题。

蒙新河狸穿越了200万年的沧海桑田，才得以目睹如今丰富多彩的地球，岁月的巨变不曾让它们灭绝，而人类的活动，却一点点夺去了它们生活的领地。我们一行沿河谷林探索，期望能偶遇河岸边的蒙新河狸，但一无所获。河水一如既往地蜿蜒而行，水流湍急却异常寂静。蒙新河狸曾世代与之相随相伴，它们还会长久地存在于这个世界上吗？似乎这一切并不能左右河水的流淌，它目睹了太多物种的消逝，已习惯沉默。

参考文献

[1] 甄荣，初雯雯，胡亮，等. 春秋季蒙新河狸（*Castor fiber birulai*）制作气味堆的生境选择 [J]. 生态学杂志，2017, 36(5): 1330-1338.

[2] 初振辉，纪加义. 新疆河狸香的药用价值和性状鉴别 [J]. 中草药，1992, 23(6): 317-318.

[3] 汪永庆. 河狸香的特点与利用研究 [J]. 中草药，1993, 24(12): 653-654.

[4] 初雯雯. 蒙新河狸 乌伦古河边筑坝安家 [J]. 森林与人类，2019, 349(7): 78-89.

[5] 任松柏，初雯雯，吴兵，等. 蒙新河狸分布区社区保护意识的调查分析 [J]. 干旱区研究，2017, 34(5): 1175-1183.

[6] 陈道富，全仁哲，范喜顺，等. 欧亚河狸的生物学特性及其保护与开发 [J]. 石河子大学学报（自然科学版），2003(1): 84-86.

雪兔：亦真亦幻变色兔

作为速度型选手，雪兔的奔跑时速和瞬时加速度都令人惊叹，能在一秒内由静止加速至时速 10 公里。

阿勒泰的将军山滑雪场，因为雪豹的出没，突然在2023年年初的雪季声名鹊起，成为网红"打卡"地。一方面，此前的居家办公时光，让人们更深刻地体会了人类其实也是"野生动物"这一理念；另一方面，大家都习惯了去动物园看狮子、老虎，若不小心能在野外偶遇雪豹这种猛兽，多少有点刺激。大批滑雪爱好者春节前后不远万里，奔赴将军山滑雪场，不少人都心存能见到雪豹的侥幸心理。

说到这事儿，滑雪场的员工阿肯别克笑眯眯地说："滑雪的时候偶遇雪豹很难，但偶遇雪兔的概率高一点，只不过，即便偶遇了，人们也不知道。因为他们分不清雪板滑过的瞬间，旁边鼓起的白色小包，是雪包还是雪兔。而且，雪兔跑得那么快，你可能都没看清楚，它就已经不见了。"

如果不了解雪兔，一定会以为阿肯别克在说俏皮话，其实他不过是在陈述一个事实。作为速度型选手，雪兔的奔跑时速和瞬时加速度都令人惊叹，能在一秒钟内由静止状态加速至时速10公里，且奔跑的最大时速赶得上汽车的速度，是世界上跑得最快的野生动物之一。我在想，《孙子·九地》中"是故始如处女，敌人开户；后如脱兔，敌不及拒"会不会就是在拿雪兔作比喻。

我站在寒风凛冽的泰加林里寻思，虽然此刻天寒地冻，若能看到雪兔，也算对零下28℃还到阿尔泰山出差的一种安慰。但不知道自己的眼睛够不够锐利，能不能捕捉到这个著名的"逃跑小能手"。

在积雪调查的最初几天，我的队友都在进行积雪深度的测量或盖度的测算，只有我的眼睛一直盯着泰加林下厚厚的积雪，期望某个圆乎乎的雪包就是萌萌的雪兔，或者瞥一眼它奔跑的背影也好。见我这么执着，队友建议我先与动物学专家沟通一下，看在什么环境中更容易"偶遇"雪兔，而不是在这里凭空傻等。因为他们听闻，雪兔是著名的"狡兔三窟"的秉承者，居所不固定，除发情期外都是单独活动，且从不沿自己的足迹活动，总是迂回绕道进窝。大雪覆盖地面后，它还会在离窝有一段距离的雪地上乱跑一阵，形成纵横交错的跑道迷惑天敌。

马鸣老师告诉我，别看雪兔智商高，却有一个让人难以接受的生存策略，在冬季环境十分恶劣，难以觅食的情况下，雪兔会循环吃自己的粪便来汲取营养，这是它在极寒区域生存进化出来的特殊功能。这功能还真有点让人不能忍受，好在我还没有目睹。

我国著名兽类生态学家罗泽珣在其相关论文中记载，冰河期末期，雪兔（Lepus timidus）原本是生活在没有积雪覆盖地区的一种野兔，随着冰川退却，大部分雪兔迁移到了全北界的苔原及亚寒带针叶林带，冬毛变白；也有少数随着退却的冰川到了阿尔卑斯山的南部和伊朗。分布在阿尔泰山的雪兔是雪兔指名亚种（Lepus timidus timidus），其分布的南缘不超过北纬45°，除了在我国分布外，还分布在俄罗斯、挪威和瑞典。

其实，雪兔之所以出名，并不是因为它跑得快，而因为它是国内唯一一种冬毛会变白的野兔，常被人们称作"变色兔"。季节性毛色变化是为了适应冬季冰雪环境变化的一种进化，世界上生长在雪线以北的兔属动物多数会变色，如雪兔、北美野兔和北极兔等，而生长在热带和温带的兔子大多数不会变色。

雪兔的毛色一年会发生两次变化：一次是春季，从白色变为棕灰色；另一次是秋季，从棕灰色变为白色。而这种变化，让它们可以获得更多的生存空间和竞争优势。尤其是中国的小雪节气之后，雪兔的毛会更加光滑细长，柔软洁白，保暖性也格外强，在民间被称为"火龙衣"，这也为很多捕猎者"提供"了猎杀的理由。而科研人员通过对雪兔进行毛色季节性变化的皮肤转录组分析发现，雪兔是由褪黑素和光周期控制的季节性毛色变化动物，且冬季毛囊生长的数量要多于夏季毛囊生长的数量。

每逢冬季，雪兔的毛色除了耳尖和眼圈外，基本通体雪白，与阿尔泰山的茫茫雪野浑然一体。而雪兔冬毛的御寒作用，可以通过其身躯不同区域毛的长度不同来窥见一斑。它体侧与腹部的毛最长，体侧的毛长可达5厘米，

穿越山野深处

科考博物观察笔记

▲ 静静观察雪野里动静的雪兔　张庹摄

▲ 夏天的雪兔　杨宏亮摄

鸟兽曲　雪兔：亦真亦幻变色兔

121

非常厚密蓬松，它卧在雪野里，就像一个小雪包，很难被发现。

知道了这么多背景知识，却始终没有见到雪兔，差点儿就成了我的一个心病。我依然日复一日地在调查区"守株待兔"，功夫不负有心人，连续在雪野里待了五天的我，终于在接近零下30℃的黄昏雪野中，目睹了一场金雕（Aquila chrysaetos）抓雪兔的"大戏"。当时我们准备收工，正在收拾测雪工具，一只在作业点旁盘旋了很久的金雕，突然一个俯冲扑下来，我们赶紧往雪野中看，果然有一个"雪团子"在雪地里飞速奔跑。某一瞬间，金雕的爪子几乎触碰到"雪团子"了，而"雪团子"又以迅雷不及掩耳之势跑远了，金雕只好空着一双爪子再次盘旋起飞。因为离得远，我并没有看清雪兔的模样，只见它跑着跑着突然急停，我们都以为它累晕了要坐以待毙，它却突然在金雕扑过来的瞬间转向逃跑了。地面转向容易，但空中扑下来的金雕转向可没那么容易。"雪团子"一会儿就奔进泰加林里不见了，留下金雕独自在空中盘旋。这一幕让我深深体会到机警、敏捷和变色，是雪兔御敌自卫的三大"法宝"。

不同于家兔红彤彤惹人怜爱的眼眸，雪兔的眼睛是有些偏绿的褐色，看起来很深沉，少了几分懵懂，多了几分深邃。不过雪兔这双眼睛真是"成也萧何败也萧何"，它的眼睛很大，且置于头的两侧，为其提供了更大范围的视野，可以同时前视、后视、侧视和上视，完全称得上是眼观六路，为其发现天敌提供了全方位的侦查基础。但却有一个缺陷，它双眼间距太大，需左右转动面部才能看清物体。但在快速奔跑中，无暇转动面部，所以就会撞上岩石或树干，这让人怀疑"守株待兔"的寓言故事取材于此。

别以为有了三大"法宝"就可以高枕无忧，近年来雪兔的种群数量急剧下降，究其原因绕不过人类和气候。首先，尽管雪兔很机警，人类却不以为然，因为惦记它的"火龙衣"、肥嫩美味的肉及入药的干燥粪便，雪兔一度被人们疯狂猎杀，导致种群数量大幅减少。其次，随着全球气候变暖，物种栖息地分布发生改变，增加了栖息地碎片化和隔离化的风险，影响了

▲ 金雕正在寻觅雪兔　赵春辉摄

▲ 雪地里寻找雪兔的狐狸倒是一点儿都不怕人　杨宏亮摄

鸟兽曲　雪兔：亦真亦幻变色兔

穿越山野深处 科考博物观察笔记

▲ 雪兔足迹　杨宏亮摄

雪兔的繁衍生息。2020年一项关于新疆兔属三物种潜在生境分布及未来气候变化影响的调查显示，气候变化使雪兔在我国境内阿尔泰山区域适宜栖息的面积缩小了5.68%，且缩小幅度正在持续增加。

这样的双重打击，让阿尔泰山分布的雪兔指名亚种面临严重的生存困境，保护措施亟待加强。尽管没看清旷野中奔波逃命的"雪团子"究竟长什么样，但我对集可爱、机警、智慧于一身的雪兔还是凝结着某种深深的喜欢，也为它的处境深感担忧。虽然越来越多的人开始关注野生动植物的保护，但依然敌不过人类对各种野生物种资源的"巧取豪夺"，雪兔不过是千千万万被盯上的物种之一。此时需要改变的，应该是对自我的认知，人类与所有动物一样，都是地球的过客，谁也无法完全地成为地球的主人。只有用共生共存的心态去感知世界，或许才能从根本上停止各种杀戮和不惜代价的环境破坏。

参考文献

[1] 罗泽珣，李振营. 我国雪兔的分类研究 [J]. 东北林学院学报，1982(2): 159-167.

[2] 伊拉木江·托合塔洪，阿迪力·艾合麦提，单文娟，等. 新疆兔属三物种潜在生境分布及未来气候变化的影响 [J]. 野生动物学报，2020, 41(1): 70-79.

[3] 吴琼，杨福合，邢秀梅. 雪兔的生物学特性及开发利用 [J]. 当代畜禽养殖业，2008(9): 2.

[4] 樊育英. 雪兔冬季食性研究初探 [J]. 当代畜牧，2014, 274(14): 74-75.

[5] 王海禄. 雪兔毛色季节性变化皮肤转录组的分析 [D]. 呼和浩特：内蒙古农业大学，2019.

兔狲：荒漠"肥猫"的谜踪

虽然体型不大，但兔狲身上散发出来的气息是"生人勿进"和"犯我必究"。

穿越山野深处 科考博物观察笔记

我一直很好奇，好端端的猫科动物兔狲，名字里为何会有个啮齿类动物的前缀。况且，它的主要食物还是鼠兔、野兔等啮齿类动物。而它的模样，更是与兔科兔属动物差了十万八千里，是一眼便知的猫科动物的外形，可它为什么不叫"猫狲"？

其实，关于我的这个困惑，很多人都有，媒体也曾追问过一些动物学家和语言学家，但至今没有一个权威且能说服大众的答案。这个行踪隐秘的猫科动物，不仅行为成谜，就连"姓名"的出处也成了谜，不禁让人对其充满了好奇。

越是好奇就越有兴趣探究，人们通过各种方式，挖掘着兔狲的"故事"。在网络上，兔狲因为一组面部表情丰富夸张的图片走红，也被人们称为"表情帝"。它在雪地里爪子踩在尾巴上的可爱行为，被网友戏称为"踩尾猫鼻祖"。而网友更是将兔狲的图片制作成表情包发布在互联网上，让这个想要隐藏自己行踪的荒漠"肥猫"成了动物界的"网红"。

所以在我固有的印象里，它应该就是一个"大胖猫"，卖萌搞笑，憨态可掬。直到我跟随科考队在阿尔泰山南部科克森山的山前砾质荒漠草原带开展野外调查时，"偶遇"了眼神如猎豹般冷漠桀骜、腿短毛长的兔狲，才真实了解到，它绝不是宠物，是野生动物，那种野性十足的气势，让人望而却步。虽然体型不大，但它身上散发出来的气息是"生人勿进"和"犯我必究"。突然看见我们这群人靠近，它倒没被吓着，而是颇有"贵族风范"，十分镇定，只用自己那迷人的淡绿色眼睛冷漠地瞅了我们一眼就跑开了。作为猫科动物中著名的"小短腿"，它的速度并不快，但不影响它很快消失在我们的视线里。

说实话，能在白天遇到它真的很幸运，因为兔狲是昼伏夜出的动物，很少能在白天捕捉到它的身影。在随后的几天时间里，我们没有在任何一片裸岩坡或沟壑下看到过兔狲的踪迹，偶尔见过一些零星的粪便。兔狲就这样与我们擦肩而过了，只一回眸，我们就喜欢上了它那种漫不经心、萌宠且冷漠的样子。而它，头也不回地就失踪了！

但不论野性有多足，不得不说，兔狲确实很像一只"胖猫"，如果不是在那样的荒野之地遇到它，我确实会认为它就是一只比较胖的野猫。况且，把兔狲误认为野猫也确有其事。2008年曾有一则比较有趣的新闻："新疆油田沙南作业区的员工巡井时，错把一只兔狲当成了漂亮的野猫，带回作业区，准备将其养在巡井车库中对付猖獗的鼠害，没想到，抓回来的居然是国家二级保护动物兔狲，只好将其放生。"可见，人们误把兔狲当成野猫并不稀奇。

阿尔泰山南部的科克森山是野生动物的富集区，过去是猎人的"欢乐谷"，曾一度造成多种野生动物因猎杀和分布区环境恶化而从这里销声匿迹。但近些年来，随着各种保护措施的加强和人们生态环保意识的提升，越来越多曾经"消失"的野生动物再次出没于这里。新疆阿尔泰山国有林管理局的工作人员通过架设红外相机跟踪拍摄和高山监控等手段，发现了近40种兽类和近百种鸟类，其中不乏雪豹、棕熊、貂熊、猞猁、水獭、北山羊、盘羊、兔狲、河狸、雪兔等野生动物。

这当然是好的趋势，但这也只是最"基础"的好消息，未来的路还很漫长。就拿兔狲来说，目前在科克森山区域也只是观测到有分布，但具体情况却并未掌握。因为随着栖息地环境的退化和破碎化，兔狲的分布越来越分散，种群密度降低，所以种群分布的趋势有待进一步深入调查和布点观测。

兔狲主要分布在亚洲中部向东至西伯利亚海拔4000米左右的荒漠、沙漠、草原和戈壁，全球有50%以上的兔狲分布在中国，主要分布于西部和北部。兔狲之所以喜欢在高山草甸草原、灌丛草甸、低山丘陵、荒漠与半荒漠地区繁衍生息，一方面是因为这里有丰富的啮齿类动物为它们提供充足的食物，另一方面这里有裸岩坡和沟壑，便于兔狲窝居和穴居，躲避天敌。所以科克森山区域是否为合格的兔狲栖息地、是否有大的种群栖息，也还

穿越山野深处
科考博物观察笔记

▲ 兔狲叼着自己的战利品鼠兔　杨涛摄

有待考证。

为了抵抗严寒，兔狲身上长着又密又长的毛，特别是肚子和尾巴上的毛比较长，这原本是方便它长时间伏卧在冻土或积雪上伺机捕猎的，却因此被人类惦记上了它的皮毛。在蒙古国和中国，兔狲在野外面临的最大威胁不是来自它的天敌狼、雪豹、金雕，而是来自人类的偷猎，因为人们觉得它的皮毛厚实又好看，是制作华服的上好"原料"。此外，兔狲的毛色还会根据季节改变，虽然不像雪兔换毛那么明显，但区别也不小。冬天兔狲的毛色更苍白，花纹也较少；而到了夏天，则会换上布满条纹的灰褐色"花毛衣"。

科学家利用高真空分析型扫描电镜对兔狲的毛绒纤维进行观察发现，电镜下兔狲针毛鳞片结构呈规则的杂波形排列，绒毛鳞片结构呈规则的环形排列。兔狲针毛翘角平均值为31.9°，而绒毛翘角平均值为24.8°。这意味着，兔狲皮毛的制衣效果并没有蓝狐、水貂、獭兔等皮毛的制衣效果好，更不比

1 钻出洞来观望的兔狲　杨涛摄
2 冷冷地回眸一瞥　杨涛摄

人造皮毛保暖和易于打理。所以人类真用不着盯着它的皮毛，甚至完全可以放弃动物皮毛，选择更为环保和文明的方式获取高质量的保暖衣料。毕竟人造皮毛技术已非常成熟，各项指标都可以媲美华贵的动物皮毛，何必为了一件"裘衣"变得那么残忍，猎杀这样一个长相萌宠，行为举止优雅的小动物。

参考文献

[1] 赵栋，杨创明，和梅香，等. 贡嘎山国家级自然保护区兔狲的活动节律与适宜栖息地预测 [J]. 四川动物，2019, 38(3): 320-327.

[2] 李维红，吴建平. 旱獭、麝鼠、兔狲、青鼬、石貂毛绒纤维超微结构比较 [J]. 畜牧兽医学报，2011, 42(7): 994-999.

[3] 王洁. "兔狲"理据考 [J]. 中国科技术语，2018, 20(5): 77-78.

[4] 杜中闻，彭宁，韩大鹏. 新疆油田沙南作业区放生珍稀兔狲 [N]. 中国石油报，2008-01-07(1).

[5] 陈敏璠. 兔狲：来自 1500 多万年前的行走表情包 [J]. 环境与生活，2021, 166(12): 80-85.

[6] 高澎夏. 基于 Cytb 基因的部分序列对亚洲 14 种猫科动物系统发生关系与现行分类合理性分析 [J]. 现代医学与健康研究电子杂志，2018, 2(2): 48-50.

蓑羽鹤：云中谁寄锦书来？

蓑羽鹤红红的眼睛后，一簇白色耳羽柔顺且醒目，颈部长长下垂到腹部的羽毛，犹如披着一件蓑衣。

记忆中,《丹顶鹤的故事》是我最初对鹤的印象,那是一抹悲伤的色彩;后来学绘画,在画册上看到宋徽宗的《瑞鹤图》,惊叹不已。一群鹤在屋顶上空盘旋翱翔,神态各异,姿态优美,栩栩如生。宋徽宗特别将天空用了石青色平涂,映衬得白鹤格外圣洁、华贵;再后来,看了各种生物科普资料,知晓鹤是鸟纲鹤形目的一个科,有4个属,全世界共有15种鹤。而我国传统画作和古诗词中描绘的,大多为丹顶鹤,被奉为"一品鸟",地位仅次于凤凰。

或许是对丹顶鹤的印象过于根深蒂固,当科考队的一位小伙伴指着几只蓑羽鹤(*Anthropoides virgo*)喊"仙鹤"的时候,我竟恍然以为它变了形。慌忙拿出望远镜仔细看,那不是仙鹤!灰蓝色的羽毛,红红的眼睛后一簇白色耳羽柔顺且醒目,颈部长长的羽毛下垂到腹部,犹如披着一件蓑衣,尾羽分散有序地下垂,那分明就是蓑羽鹤。我偷偷观望时,6只蓑羽鹤正在湖畔的湿地上边溜达边低头觅食,时不时抬头巡视一下周围的境况。

是的,额尔齐斯河流域的很多湿地湖泊,都是蓑羽鹤的栖息地。蓑羽鹤习惯小群组一起活动,迁徙时会短时间内集结成大的集群,然后集体迁飞。它们在这里筑巢、交配、产卵、孵化,然后带着幼鸟学习飞行,那些草甸沼泽、芦苇浅滩、河谷湿地都是它们的乐园。这里有它们的悠悠鹤鸣,有它们的温情缠绵,有它们为捍卫巢穴而进行斗争的画面,更有一家几口其乐融融漫步草滩的场景。

蓑羽鹤的巢很开放,也很简陋。马鸣老师告诉我,与很多涉禽一样,蓑羽鹤的巢周围基本没有什么遮掩,一般直径为50~80厘米。有的蓑羽鹤甚至直接在草甸中裸露而干燥的地上产卵,也有蓑羽鹤在浅滩上和沼泽边筑巢产卵。虽然周围生长着野葱、禾草、芦苇、蒿等植物,但也无法阻挡牧区的牛羊误入踩踏,以及狐狸、狼、渡鸦的偷食。

观鸟爱好者发现,蓑羽鹤在孵化期对卵格外用心。雌鸟和雄鸟会交替孵卵,它们交接孵卵的过程有趣且有序,在交接过程中会有明显的翻卵行

▲ 欲将起飞的蓑羽鹤　白彦山摄

鸟兽曲　蓑羽鹤：云中谁寄锦书来？

带着幼鸟散步的蓑羽鹤 徐友摄

1　蓑羽鹤低头觅食　徐友摄
2　带着宝宝寻找食物的蓑羽鹤　范书财摄
3　蓑羽鹤散步　徐友摄

为，似乎还有清点数量的动作，感觉像是在进行一项资产交接，需要认真核对数量。而事实上，蓑羽鹤一窝通常产卵2枚，偶尔1枚或3枚，核对的举动就显得有些笨拙和多余。

　　动物学家观察发现，繁殖期的蓑羽鹤，天敌主要是狼、赤狐、渡鸦和一些猛禽。难以想象的是，看起来如"天仙"般优雅的大天鹅居然也有侵犯鹤巢的行为。正在孵卵的蓑羽鹤，对天敌靠近的反应非常强烈，它在天敌靠近巢区时会大声鸣叫以恐吓入侵者，还会出巢做出叼啄天敌的样子来，可是"防不胜防"，狐狸和渡鸦常常利用它出巢对付天敌的时机，溜进巢中偷吃鹤卵。

　　额尔齐斯河流域栖息的蓑羽鹤，在孵化过程中，除了要对付天敌，还得应对突发的恶劣天气。蓑羽鹤开始求偶、交配、产卵孵化的4—5月，正是整个新疆天气都极为不稳定的时期，即便立夏之后也依然会出现下大雪或霜冻天气。所以，很多蓑羽鹤会在这个时段失去觅食和过夜的场所，导致被冻死或者卵被冻坏而无法孵化。

　　马鸣老师告诉我，虽然在鹤科动物中，蓑羽鹤属于体型较为"娇小"的类型，成鸟仅70~90厘米高，但它的雏鸟却属于比较强悍的。在出壳前2~3天就开始在壳中鸣叫，出壳第二天便可跟着亲鸟外出觅食了，属于典型的早成鸟。虽然蓑羽鹤的雏鸟出壳早，但飞行能力却并不会提前养成，它们要在栖息地成长3个月之后，才会随父母开始长距离迁徙。不过，这一飞，可就是上万公里，它们要跟随父母斜穿"死亡之海"塔克拉玛干沙漠，然后斜跨"世界屋脊"珠穆朗玛峰，到达温暖湿润的印度次大陆或海滨越冬。

▲ 草地上觅食的蓑羽鹤　白彦山摄

这一路的艰辛和磨难，似乎是最好的优胜劣汰，留下的都是基因强大、体力强悍的蓑羽鹤。

　　对蓑羽鹤的迁徙路线，学术界一直都有争议。有科研人员在研究蓑羽鹤的几十年时间里发现了蓑羽鹤迁徙的秘密，蓑羽鹤在迁徙过程中总是画出一条奇怪的环形路线。秋季从亚洲中部腹地出发，向青藏高原迁徙，然后翻越喜马拉雅山脉到达印度次大陆或海滨越冬；到了春季，又绕过喜马拉雅山脉，飞越中亚荒漠，然后到达亚洲中部腹地进行繁殖。

在迁徙线路中，有两个非常接近"生命禁区"的点，一个是塔克拉玛干沙漠，另一个是珠穆朗玛峰。马鸣老师长期关注蓑羽鹤，他曾参加过中日沙漠徒步探险考察和香港观鸟会组织的沙漠鸟类调查，从相关无线电跟踪系统确认，塔克拉玛干沙漠边缘的塔里木河流域和巴尔库拉湖，是蓑羽鹤迁徙途中重要的停留地和栖息地。而日本野鸟协会和国际鹤类基金会，则确认了蓑羽鹤穿越喜马拉雅山脉的迁徙路线。世间路径千千万，5万多只蓑羽鹤为何偏偏要冒险选择最难的一条路来回迁徙？这还需要科研人员进一步探究。

事实上，在全球现存的15种鹤中，蓑羽鹤是数量相对较多的，但这并不意味着它没有生存危机。科研人员研究了巴基斯坦北方南部两个地区的狩猎活动区对蓑羽鹤的影响。他们调查了165个狩猎营地，这些营地的大部分狩猎者持有野生动物狩猎许可证，且狩猎活动是以休闲为目的。调查结果显示，受过度狩猎、自然栖息地被破坏、人类活动及地理因素的影响，蓑羽鹤在该地区的种群数量下降严重。

除了狩猎，蓑羽鹤还面临着各种各样来自人类活动的"毒杀"。马鸣老师在多年的调查中发现了数起蓑羽鹤误食拌了农药的麦种而身亡的事件，最多的一次有21只蓑羽鹤当场死亡；有些化工厂向湿地滩涂排放污染物，造成栖息或路过的蓑羽鹤中毒；还有因高压电线密集造成蓑羽鹤群在迁徙过程中触电而亡。这些都在一定程度上影响了蓑羽鹤在地球上的生存。

蓑羽鹤历经千难万险飞越了"世界屋脊"喜马拉雅山脉，穿越了"死亡之海"塔克拉玛干沙漠，逃过了金雕等天敌的袭击，战胜了恶劣天气的困扰，最终却没能躲过人类活动对它的"杀戮"。有些"杀戮"是明晃晃地在它们迁徙的必经之地持枪行凶，而有些"杀戮"悄无声息却更为致命，如侵占它们的栖息地、在它们的迁徙路线上耸起密集的高压线……

参考文献

[1] 贾伍有，刘正军，鄂金玲，等. 蓑羽鹤呼吸系统的形态学研究 [J]. 兽医导刊, 2008, 126(2): 50.

[2] 王恩福. 蓑羽鹤体结构之研究 [J]. 中国家禽，1997(11): 43-44.

[3] 叶晓堤，李德浩. 青海湖地区蓑羽鹤秋季迁徙的观察 [J]. 动物学杂志，1995(4): 21-24.

[4] PERVEEN F, KHAN U H. Pressure from hunting on crane speciesin southern districts of northern Pakistan[J]. Chinese Birds, 2010, 1(4): 244-250.

[5] 丁汉林，于国海，李宝森. 蓑羽鹤的繁殖生态 [J]. 野生动物，1987(2): 22-24.

[6] 马鸣，才代，井长林，等. 新疆灰鹤和蓑羽鹤的繁殖生态 [J]. 干旱区研究，1993(2): 56-60.

阿尔泰雪鸡：险峻峭壁有鸡鸣

阿尔泰雪鸡头微微前伸,眼睛专注地盯着前方,整个尾部完全展开,像一把毛茸茸的羽扇,又萌又仙。

在各方询问阿尔泰雪鸡的信息之前，我并不了解一个事实：并不是所有类群的濒危动物都会受到关注和研究。一个动物是否会被关注和研究，取决于立项、经费等诸多因素，不会仅仅因为濒危就得到科研人员的青睐。

大雪纷飞的冬季，在阿尔泰山的行走一定是困难的，特别是在1月初的严寒期，不论是乘汽车、马车、雪橇还是徒步前行，你永远不知道明天的行程是否还能继续。但科考队不是旅行团，不会选最好的季节出发，只会选择最合适的时间节点开展野外调查，哪怕明知道路途艰险且未来无法预测。也正是在阿尔泰山雪中的徒步前行，激起了我对阿尔泰雪鸡的兴趣。

科考队里几个年轻人在雪地里边走边开玩笑："今天要是能遇到阿尔泰雪鸡，那就不枉此行了，也算是我们见证了这个传说中的物种还存在。""啥鸡？说得这么玄乎？"我问。"为什么说是传说中，为数不多的几位研究者也大多只见过阿尔泰雪鸡的图片、羽毛、巢穴、粪便和尸体。只有极少数研究者见过其真容。我们如果见着了，那就真是比较幸运了。"一位老师喘着粗气，边走边回答我的好奇之问。

后来我才知道，如此少见的原因，可能是分布区过于窄小，且数量太少。阿尔泰雪鸡在我国的分布区仅有新疆北塔山，而国外的分布区则在俄罗斯阿尔泰山中部、南部和东南部及蒙古国西北部。

不过，尽管专家见到的不多，但它却偶尔会出现在一些观鸟爱好者的镜头中，使得世人能了解它的存在与美好。我起初想去了解它，也是源于朋友圈的几张照片。其实朋友圈里爱拍鸟的人不少，经常有一些生动精妙的鸟类图片呈现，看多了，会有视觉疲劳。但那几张图格外吸引我，其中一张是阿尔泰雪鸡背对镜头的照片，它正准备迈步前行，头微微前伸，眼睛专注地盯着前方，但整个尾部却是完全展开的，像一把毛茸茸的羽扇，又萌又仙，可爱极了。我只觉得新奇，却不知这照片珍贵。

看照片的时候，我并不知道这是阿尔泰雪鸡，只觉得憨态可掬和仙气十足有效结合的鸟儿不多，就截图问马鸣老师这是什么鸟。他很快回过电话

▲ 阿尔泰雪鸡瞭望远方　白彦山摄

鸟兽曲　阿尔泰雪鸡：险峻峭壁有鸡鸣

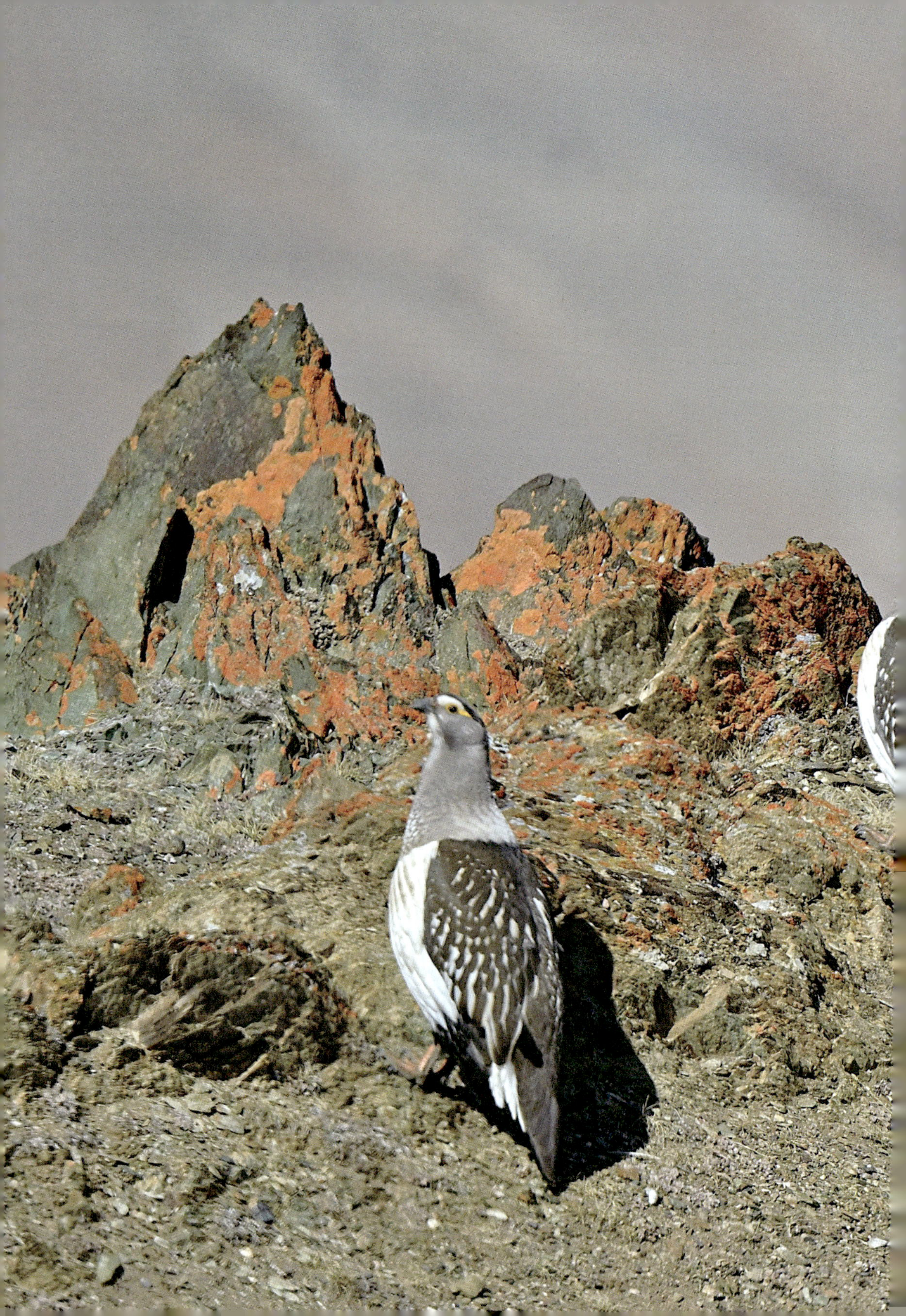

阳光浴中的阿尔泰雪鸡　白彦山摄

来，急切地问："在哪儿拍到的？太珍贵了！"我说阿勒泰的朋友拍的，还没问具体拍摄的位置。他又追问了一句："问问是不是在北塔山一带……"

后来才知道，马鸣老师与阿尔泰雪鸡之间还有点渊源，所以他才显得那么急切。早在20世纪90年代初，新疆大学的黄人鑫教授和中国科学院新疆生物沙漠土壤研究所的马鸣老师先后在阿勒泰地区北塔山区域发现了阿尔泰雪鸡。黄人鑫教授率先于1992年10月在《动物分类学报》上发表了《中国鸟类新记录种——阿尔泰雪鸡》，记载："1990年6月下旬，在新疆北塔山（45°20′N，90°10′E）考察时，发现阿尔泰雪鸡（*Tetraogallus altaicus*）系中国鸟类一新记录。"而马鸣老师则错过了这个发表新记录种的机会，不过他并不觉得遗憾，对研究鸟类分类学的科学家来说，有新记录种被发现，就是一件开心的事。

到了冬季，阿尔泰雪鸡毛色会变，从与山石相近的颜色变成一个白白胖胖的"雪球"，在雪野的映衬下似乎散发着隐隐的银光。如此"乔装打扮"的原因就是，它生活的区域是雪线以上，冬季到处"白茫茫大地真干净"，如果它还是土褐色，就很容易被发现，而变身白色的"绒球"，就很有利于它在茫茫的雪野中"隐身"，可以大摇大摆地出去觅食而不会轻易被发现。

雪鸡是世界上分布海拔最高的鸡类之一。雪鸡属共有5个种，分别是淡腹雪鸡（*T. tibetanus*）、阿尔泰雪鸡（*T. altaicus*）、暗腹雪鸡（*T. himalayensis*）、高加索雪鸡（*T. caucasicus*）和里海雪鸡（*T. caspius*）。前两种属于淡腹雪鸡组，而后三种属于暗腹雪鸡组。其中淡腹雪鸡、阿尔泰雪鸡和暗腹雪鸡在我国有分布。阿尔泰雪鸡在国内有记录至今不过三十多年，是属于国内的"新居民"还是过去没有人发现？因为开展的相关研究较少，还无法准确回答。

说它是"传说中"的阿尔泰雪鸡，一点儿也不为过。因为数量过于稀少，很少有人亲眼见过阿尔泰雪鸡，即便是科学研究者，也大多是在追踪调查中了解过一些非活体标本或巢穴等印证物，或通过定位观察，听到了其鸣叫，

1	阿尔泰雪鸡在山岩上几乎"融"了进去　杨飞飞摄
2	阿尔泰雪鸡集体享受阳光浴　杨飞飞摄

鸟兽曲　阿尔泰雪鸡：险峻峭壁有鸡鸣

了解其离巢觅食规律等情况。有时候，甚至是借助生活在当地的猎人了解阿尔泰雪鸡的习性。比如，黄人鑫教授在与猎人的座谈中了解了阿尔泰雪鸡的栖息地，主要食物有异燕麦（*Helictotrichon hookeri*）、火绒草（*Leontopodium Leontopodioides*）、鹤虱（*Lappula myosotis*）、委陵菜（*Potentila* sp.）、野葱（*Allium* sp.）、白头翁（*Pulsatilla* sp.）、景天（*Sedum* sp.）、报春花（*Primula* sp.）、罂粟（*Papaver* sp.）、早熟禾（*Poa* sp.）等植物。关于阿尔泰雪鸡的食物，黄人鑫教授等研究者还剖验过阿尔泰雪鸡的嗉囊，发现其所吃食物几乎全为异燕麦的花穗，偶尔可见火绒草和其他高山植物。

关于阿尔泰雪鸡的资料太少，越探寻便越好奇，我求助了我能够找到的所有鸟类专家，可绝大多数人给我的回答都不尽如人意，很多人没有做过相关研究。比较多的答案为：我国的阿尔泰雪鸡是留鸟，不迁徙，且大部分是长期留守北塔山的，种群数量不大，主要生活在裸岩峭壁的高山和亚高山草原地带。

从相关研究者的文献中只能很简略地窥见阿尔泰雪鸡的生活习性，比如，它们离巢活动的时间较规律，一般早上7点就开始鸣叫了，这确实很有"鸡"的风范，习惯早起，但在新疆北塔山一带，早上7点很多地方还是黑蒙蒙的。在猎人的描述中，阿尔泰雪鸡中午会很时髦地在山坡上进行一段时间的"日光浴"，然后梳理羽毛，特别喜欢"招摇"它不一样的尾羽，这爱"炫耀"的习惯与公鸡有几分相似。不过，当它遇到危险时，则又与大多数鸟类差不多，往往会通过大声鸣叫来传递危险临近的信号。

马鸣老师告诉我，他在北塔山一带发现了几处阿勒泰雪鸡的巢，发现它特别喜欢营巢于险峻陡峭的岩石石洞或岩石下的灌木丛中，这与岩雷鸟很像，还都有点憨态可掬的样子，总让我在某一瞬间傻傻分不清。虽然阿尔泰雪鸡胖乎乎的，但它的巢却并不大，直径不过30厘米，在巨大山体和岩石的反衬下，显得非常娇小玲珑。它的巢因为小且不起眼也变得很安全。

马鸣老师在与当地猎人的交流中了解到，坐巢的雌性阿尔泰雪鸡护巢

▲ 藏雪鸡和阿尔泰雪鸡差别很明显　宋玉江摄

能力很强，而且很机警，即便坐巢期间偶尔觅食，也是在离巢穴很近的地方活动。但雄性阿尔泰雪鸡就"洒脱"多了，会到比较远的山坡上肆意地晒个日光浴、抖一抖漂亮的羽毛，左顾右盼地觅食；它们不仅不护巢，在喂养孵育的过程中也几乎不出力，属于鸟类中比较懒惰散漫的"父亲"。

关于这个"传说中的鸟"，最执着的寻找者，要数阿勒泰市的张国强老先生，他曾数次被山上的暴风雪劝退，却恋恋不舍地在深山里搜寻阿尔泰雪鸡的踪影；他曾先后三次为了拍摄阿尔泰雪鸡专程进山蹲守，最终只在 2009 年春天真正拍到了照片；他曾因拍摄阿尔泰雪鸡晕倒在无人的旷野山坡上，庆幸被向导用水果糖和干馕救了过来。

关于拍摄阿尔泰雪鸡，张国强曾在《阿勒泰日报》上有一段叙述：在他之前，全国没有观鸟爱好者拍到过阿尔泰雪鸡。几次巡山找阿尔泰雪鸡的过程中，他最感慨的是阿尔泰雪鸡的生活环境。那是一个困难重重却又充满祥和的"世外桃源"。在看似层峦叠嶂的峻岭之上，在荒无人烟的岩山灌丛旁，阿尔泰雪鸡居然可以选择一个看起来环境适宜的山坡，优哉游哉地享受"日光浴"，时而低头觅食，时而昂首抖羽。

2009年春天，正值阿尔泰雪鸡的繁殖期，张国强和几位朋友前往北塔山拍摄阿尔泰雪鸡。等待几天之后，有幸看到了阿尔泰雪鸡的踪影，却因过于激动惊扰了正在悠然散步的阿尔泰雪鸡，短短十几秒，它们便消失得无影无踪，只有一个人拍到了一张不太清楚的背影。接着同行的朋友都因天气原因撤离了山区，只有张国强执着于此。几天之后的一个黄昏，准备放弃的张国强却意外看到了阿尔泰雪鸡的"芳踪"。

张国强和向导悄悄下马，小心翼翼地沿山而下，调准镜头不停地拍摄。尽管脚下山势陡峭，路途不畅，但当时已顾不得那么多了，张国强按了300多下快门，其中有一张是距阿尔泰雪鸡仅150米左右拍到的。结果他一高兴，竟眼前一黑摔倒在地了。原来是因为走得太久忘了吃饭，他的低血糖犯了，向导慌忙给他嘴里塞了几块水果糖和干馕才将张国强救了回来。这些描述，让我脑海中阿尔泰雪鸡的模样生动起来，不再是图片上扁平的影像了，仿佛能看见它们在险峻陡峭的岩石旁惬意地抖动着华丽的羽毛。

关于雪鸡的起源，学术界争论还比较多。有学者认为，雪鸡起源于青藏高原上一些相对较老的山脉，随着青藏高原的隆升，种间隔离形成，结合自然选择的作用，雪鸡腹部颜色逐渐分化，形成淡腹和暗腹两类雪鸡；有的学者则根据基因组测序，测得喜马拉雅雪鸡与西藏雪鸡的遗传距离为0.067、喜马拉雅雪鸡与阿勒泰雪鸡的遗传距离为0.012，西藏雪鸡与阿勒泰雪鸡之间的遗传距离为0.068，结合雪鸡分布和形态特征，推测西藏雪鸡为这3种雪鸡中最原始的种，其指明亚种于170百万年前进入喜马拉雅地区进化为喜马拉雅雪鸡，其后经过演化，喜马拉雅雪鸡的青海亚种逐步进化为阿勒泰雪鸡。科学家还通过测定雪鸡与雉科中其他19个属的线粒体细胞色素的基因组序列并进行同源性比较，发现雪鸡属与雉科中鹌鹑属关系最近。

学者试图通过现代科研技术追寻阿尔泰雪鸡的前世今生，而我们则可能更期望了解它现今的生活状况，尽快对其开展保护性研究，加大分布区的调查力度，期望有更多科研经费注入，激活这项研究。

参考文献

[1] 刘强，吴敏，张琳麟，等.暗腹雪鸡细胞色素 b 基因的克隆及其在雉科中亲缘关系的分析 [J].浙江大学学报（理学版），2006, 33(1): 89-94.

[2] 文丽荣，李国强，丁树峰，等.新疆雪鸡微量元素及氨基酸含量的测定 [J].新疆师范大学学报（自然科学版），1996(3): 44-46.

[3] 邵红光，黄人鑫，阿布都外力.中国鸟类家族的新成员——阿尔泰雪鸡 [J].大自然，1993(2): 20-21.

[4] 马鸣，周永恒，马力.新疆雪鸡的分布及生态观察 [J].野生动物学报，1991(4): 15-16.

[5] 马铭赛，李静，杨行，等.濒危物种雪鸡（*Tetraogallus*）保护生物学研究综述 [J].中国农学通报，2019, 35(8): 23-28.

[6] 龚一峰.从线粒体细胞色素 b 基因推测雪鸡属的系统进化关系 [D].石河子：石河子大学，2006.

[7] 阮禄章，文陇英，张立勋，等.雪鸡属分类地位探讨 [J].动物分类学报，2009, 34(1): 73-78.

[8] 张辉.张国强：最爱镜头下的和谐自然 [N].阿勒泰日报，2010-09-27(6).

花尾榛鸡：擅长"跳"雪的"飞龙"

在飞行领域如此"菜"且动作呆萌的花尾榛鸡，为何会被称作"飞龙"呢？

我其实还挺好奇花尾榛鸡（*Bonasa bonasia*）为何会被称作"飞龙"的，因为现实中，它并不具备长距离飞行的能力，跑比飞的能力强。即便遇到危险，也不过飞几米就赶紧落在树上。况且，作为松鸡科的一员，那胖乎乎的身体，也就勉强能偶尔扑腾几下上个树，要说"飞"，与真正飞行的鸟相比，差得不是一星半点。更何况，花尾榛鸡有一个看起来非常"萌蠢"的习性——大冬天会一头扎进雪窝里过夜，想象一下这个画面都觉得足够笨拙，与人们心中龙的勇猛威严差得有点大。在飞行领域如此"菜"且动作呆萌的花尾榛鸡为何会被称作"飞龙"？这是我久久不解的疑惑。

2023年冬天，终于在阿尔泰山见到了停在树枝上叨红色浆果的花尾榛鸡，某一瞬间，我感觉它被称作"飞龙"可能是因为它与其生境一起，构成了人们想象中的仙境，那画面太美太和谐，以至于让人忘了这是现实中的一幅图景。

当时第三次新疆综合科学考察队的成员正在雪地里蹒跚而行，准备找一个合适的地方安装雪深观测仪来测定积雪深度，顺便使用智能红外热成像仪给雪"量一下体温"，通过多点监测来了解今年阿尔泰山积雪资源情况。突然在一处由西伯利亚花楸和疣枝桦等乔木混合生长的树林中，看到几只花尾榛鸡悠然地在树枝上叨啄浆果。雪野茫茫，阳光和煦，毛色光鲜的花尾榛鸡顶着簇状的羽冠，叨啄树枝上的红色浆果，形态恣意，让我恍然看见了国画中的冬鸟觅食图，画面清澈雅致。看到这景象的瞬间，踏雪而行的十几个人在没有任何招呼的情况下立刻安静下来，大家被美所震撼，生怕惊扰了它们，破坏了这空灵唯美的画面。

时值1月初，刚刚下过一场大雪。大雪之后的阿尔泰山，像盖了一层厚重的雪被子，几乎看不见裸露的土壤或岩石。冬季阿尔泰山的雪，不能用"厚"来形容，"厚"字在这里显得过于单薄，它能让你真正体会什么叫"深"，一脚踩下去，感觉自己的大腿都淹没在雪里了。在雪地里，人只能挪动，而无法真正地行走。在这样一个完全被雪覆盖的世界里，看到那样唯美的画面，真会让人终生难忘。

或许也正是这次"偶遇"让我对这个被称为"飞龙"的松鸡科榛鸡属的鸟类多了几分关注。马鸣老师告诉我，花尾榛鸡在阿尔泰山并不常见，分布区域比较窄，且数量非常有限，能偶遇是非常幸运的事。这种鸟儿喜欢成对，有点像鸳鸯。到了繁殖期，雄性花尾榛鸡眼睑上会出现鲜艳亮丽的红色吸引雌性。与许多鸟类是雄性筑巢不同，花尾榛鸡主要是雌性筑巢，交配之后雌鸟就到新巢中产卵并孵化。

马鸣老师在观察中发现，花尾榛鸡的巢较为简陋，它会选择在多个树木围绕的凹地，用枯枝、落叶垒巢，里面铺一点细树枝、松针、干草等就完事了。它的卵也与周围的环境非常相近，不仔细看都看不出来。偶尔会觉得，它不精细营巢其实是一种保护机制。因为越精致的巢，越难与大自然浑然一体，也就越容易引起天敌关注，对于飞行能力欠佳的花尾榛鸡来说，筑一个不起眼的巢，就躲过了太多危险。"树大招风""木秀于林，风必摧之"的道理，或许动物懂得比我们早。

花尾榛鸡属于比较能下蛋的飞禽，每窝产卵 6~14 枚。不过，看起来产卵数量不低，但成活率却不高。科学家在野外观测中发现，野生花尾榛鸡的孵化率仅为 74.40%，而雏鸟期还会面临很多危险，如貂、鼬、雀鹰、猞猁、狐狸等天敌的捕食，有时甚至乌鸦也会捕食花尾榛鸡的雏鸟，或者遭遇蜱螨等叮咬造成雏鸟死亡。而这些是护巢孵化的雌鸟无能为力的。在很多观测中发现，花尾榛鸡的雌鸟是一位相当负责任的母亲，在孵化过程中很少离巢，即便外出觅食，也会用干树叶、细枝等覆盖在卵上，把巢表面打理得与周边环境很相近，很难分辨出鸟巢和普通的树丛草窝。

或许，花尾榛鸡在雪地中觅食行走的画面，让人类觉得异常绝美，但对于它来说却并不美好。因为冬季于它而言，是严酷的季节，觅食不容易，还得与寒冷做斗争。在寒冷的冬季，花尾榛鸡一天中的绝大部分时间是在雪窝中度过的。它会选择一个开阔的地方，一头深扎进雪里，然后在雪表

在树干上远眺，观察敌情　白彦山摄　　　　　　　　花尾榛鸡　白彦山摄

在树林里随意穿梭的花尾榛鸡　白彦山摄

厚厚的积雪压着小木屋,看起来很童话,实际上却寒冷刺骨　杨宏亮摄

面掏出一个小孔，用于呼吸，而它的尾部羽毛则完整地堵住入口。

花尾榛鸡的每个雪窝基本只使用一次，与其说是窝，不如说是它一个"猛子"扎进了雪被里。人家跳水，它"跳"雪，很多时候它是从高处俯冲进雪被，用较为厚实的胸部前端抵入选择好的雪被中。也有在新下的厚雪中走着走着就钻进雪被去的，那画面像极了迪士尼动画片中的某个片段。而它出雪窝的时候，则是直接蹿出，立即起飞，起飞时与地面呈15°~25°，但如果受到惊扰，它的起飞角度可达70°~80°，感觉直升机般即停即飞，直接升空。

一头扎进雪里，看起来很傻，其实是它巧妙地利用了寒冬季节雪下温度高于地面温度的自然规律，钻进雪里，保持能量，以度过寒冷且漫长的冬季。有时候，我会思考，对地球环境的熟悉程度，很难说是人类更强还是动物更强，可能在漫长的进化过程中，它们选择了调节身体结构以适应环境，而人类选择了调动智慧改造世界。

一直不断查找资料的过程中，我知道了它被叫"飞龙"那残酷且真实的原因：它的肉质鲜美、味道可口且富有营养，是所谓"野味"中的佳肴，也是国际上著名的狩猎鸟。早在1810年就有记载它是最著名的岁贡鸟，美其名曰"飞龙"，专供皇帝、贵族享用。人类迷恋它的肉质，于是出现了大规模的捕杀，并称之为"龙肉"。

有些人类的残忍做法实在令人发指，他们熟悉花尾榛鸡扎雪窝过冬的行为后，便利用这个习性成群地捕杀雪窝中的花尾榛鸡。加上森林破碎化、适宜栖息地丧失、杀虫剂过度使用、林区公路建设、天敌、疾病和气候变化等影响，作为曾经松鸡科鸟类中分布最广的物种，其栖息地自20世纪30年代开始日趋缩小，并被割裂成不连续的岛状或带状。到了20世纪70年代中期，花尾榛鸡的种群数量已呈断崖式下跌。即便对花尾榛鸡采取了人工养殖，但也没能保护野生花尾榛鸡的繁衍生息，如今在野外已很难见到它的身影了。

参考文献

[1] 侯森林. 雌雄花尾榛鸡羽毛显微结构比较 [J]. 安徽农业大学学报，2016, 43(2): 309-313.

[2] 朴正吉，徐永春. 花尾榛鸡 林海雪原的生命轮回 [J]. 森林与人类, 2016(5): 10-25.

[3] 李金珠. 花尾榛鸡的冬季生态 [J]. 自然资源研究，1985(3): 40-43.

[4] 赵宗泰. 花尾榛鸡的生态 [J]. 动物学杂志，1978(1): 9.

[5] 常丹丹，倪玉平，梦英，等. 花尾榛鸡的研究进展及发展趋势 [J]. 畜牧与饲料科学, 2015, 36(9): 44-46.

[6] 孙悦华，方昀. 花尾榛鸡冬季活动区及社群行为 [J]. 动物学报, 1997(1): 34-41.

群芳谱

　　见惯了南方温润环境里遍布花草的人，往往会对寒冷高山区或荒漠区偶尔冒出石缝、沙堆的植物没什么感觉，但这种无感，往往经不住路途的考验，很快就会在长途跋涉中被自己的好奇心打败，注意到这些险中求生的草木。不论是它的生物属性，还是它的精神属性，都不同于那些生长在生境适宜区的植物。人往往会因为经历丰富拥有一个饱满的人生，植物似乎也有这样的状态，因为经历过风雨和干涸，所以从此与众不同。

　　况且，在阿尔泰山及额尔齐斯河流域的植物的独特性是经过验证的，生活在被学界称为"西伯利亚""泛北极""欧亚""北极－高山"等几大生物区系的交流中心，这些植物自带些许特有和濒危属性，让人不得不关注。在一路的科考中，我对部分有代表性的植物，展开了更为深入的探寻。

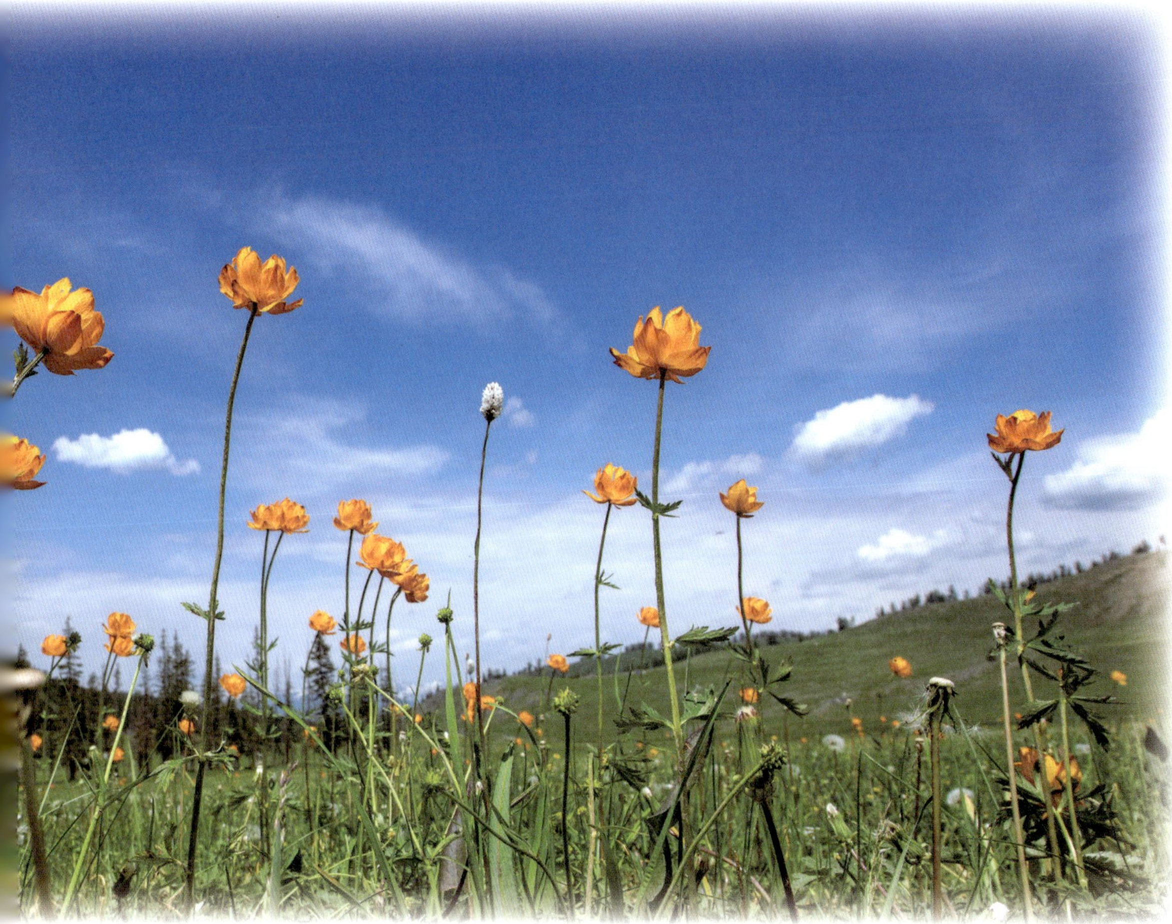

北极花：匍匐的木本植物

松林下的北极花，不招展、无媚态，仿佛冷眼笑看世界一般地存在着。

在喀纳斯湖区遍地繁花的六月，北极花的存在其实并不显眼，它太微小，太容易被忽略。纤细的茎顶着小小的对生倒钟形花朵，低垂羞怯地开着，一点儿也不起眼，若不是我瞧见了一株艳紫色的红门兰，可能根本不会注意到隐藏在针叶林下一簇簇指甲盖大的小白花，但恰巧我看见了它。

虽然不招摇，但若真的映入眼帘，又觉得北极花身上有着某种"仙气"，吸引着我的目光。不招展、无媚态，仿佛冷眼笑看世界一般地存在着。不论周围的花多么艳丽多姿，多么争先恐后，它都那么娇柔、淡然地生长在覆有苔藓的针叶林下，有高大的树木遮风挡雨，且不必经受高纬度紫外线的直射暴晒。

科考队的小伙伴都在喀纳斯湖边采集水样土样，我在湖边的林子里看到了这种有点"仙气"的小花，觉得它神韵不凡，便拍了一张阳光透过针叶林照在"小花"上的图片发在了朋友圈，很快下面有了一句评论："你去喀纳斯湖了？"这都能看出来？莫不是这花有点故事？

很快我就知道了，在我看来不起眼的白色小花是北极花（*Linnaea borealis*），不仅来头不小，而且故事不少。北极花也叫"林奈木"，是一种生长在极北之地的矮小灌木，不仅花小，叶也小，基本不会超过一个指甲盖。看起来普通的北极花，却是国际通用的生物命名方法——双名法的创立者林奈唯一用自己姓氏命名的植物。据说，林奈是在考察了欧洲各国和北极圈附近的拉普兰地区后把北极花命名为林奈木的。在《自然系统》一书中，林奈认为北极花是世界上最低矮而微不足道的木本植物，谦虚地认为它与自己一样，渺小且微不足道，大师的谦和总让人意犹未尽。

乍一看草本模样的北极花，其实是寒温带林下的亚灌木。是的，它是一种木本植物。维系北极花生命的茎，不是我们看到的花朵下略大的风就能吹断的嫩绿色纤细茎，而是匍匐在地面、延绵数米的木质匍匐茎。换句话说，北极花其实是"躺着"生长的木本植物。

与其他许多亚灌木不同，虽然也生长在寒冷的地方，但北极花的栖身之地多为覆有苔藓的针叶林下，远离了粗粝的岩石和瘠薄的土壤，既不缺营养，也不少雨露。关于它如此纤细却耐寒的秘诀，科学家早已探究出了原因。北极花的匍匐茎柔软纤长，沿水平方向生长，植物学家发现其花茎的表面，表皮层已被周皮所代替，周皮最外层的木栓细胞口径大，充满了空气，可以起到保温御寒的作用，这有利于北极花长期生活在高寒环境。

　　北极花是分布于北半球高寒地带的单种属忍冬科北极花族植物，主要分布在北美和欧亚等地，具克隆生长习性，由于分布区不断缩小，在苏格兰等地已被定为濒危物种。在中国，北极花仅分布于新疆、内蒙古和东北等地，被列为国家级珍稀保护植物。在新疆，北极花则主要分布在喀纳斯自然保护区海拔1500~2000米的针叶林下。所以看到我朋友圈里的图片，眼尖的人立刻就知道了我的行踪。

　　北极花的独特和神奇，引得我第二天又去喀纳斯湖畔找寻它的踪影了。我先是看到了北极花的伴生植物越橘（*Vaccinium vitis-idaea*）和独丽花（*Moneses uniflora*），它们属于同一花期的植物，这也使得我很容易就找到了北极花的居群。这一次，我看得更为仔细，原来，昨天我只看到了一簇北极花，事实上沿着地面的匍匐茎，每隔一段距离，就会有一簇这样静淡开放的小白花，低垂着花朵，娇嫩柔美地居于一隅，不争不抢、不吵不闹。

　　我毫无形象地趴在地上仔细看才发现，那里不是一株北极花，而是好几株，它们网状地交织在一起，使得周围这一片区域，难得地能看见多簇盛放的北极花。林间的风轻轻拂过，倒钟形的花朵随风摆动，在看见它们的瞬间，我突然变得安静起来，生怕自己像一只闯入瓷器店的怪兽，打扰到北极花宁静雅致的生活。我兴奋地以为自己找到了一片很棒的北极花居群，但在后来的探寻中发现，这种密集的生长地往往都是北极花的克隆斑块。

　　北极花的花序生在有性分枝的顶端，每个茎上都有两朵单花，所以它的英文名又叫"双生花"（twinflower）。虽然是双生花，但同一花序上的两

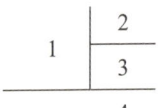

1　林间盛放的北极花　刘瑛摄
2　在风中摇曳的北极花　段士民摄
3　北极花开花　张爱勤摄
4　北极花的克隆斑块　张爱勤摄

群芳谱 北极花：匍匐的木本植物

171

朵单花却规律地序次开放，即一朵花正在散粉或散粉后另一朵花才相继开放，两朵花开放的时间会间隔1~2天。但同一基株上的几株"双生花"则可同步开放。究其原因，与它独特的繁殖状况有关，而这也是北极花最有趣的部分。

自然界中，由于近交衰退的存在，很多植物都不愿意通过自己的花粉来繁衍后代，但在缺乏传粉媒介或异花粉传递不足的情况下，它们又会妥协，通过自交或部分自交亲和的交配方式来产生后代，延续种群。但仙草般高傲的北极花，是典型的自交不亲和植物，它绝不"凑合"，拒绝接受同一株上"兄弟姐妹的花粉"。科研人员在显微镜下观察，发现北极花的花粉粒近球形，具3个萌发孔和刺状突起的外壁纹饰，这种类型的花粉其实是利于虫媒传播的。但喜欢为它传粉的访花昆虫蝇类、独居蜂等，传粉距离为0~20厘米，大概率下是同株异花授粉。而北极花自交不亲和的秉性又毫无松动，这就使北极花的有性繁殖变得十分困难。

科研人员对苏格兰分布区北极花的研究显示，自然居群的结实率仅为0~25%。而居群的碎片化及大克隆斑块中亲和花粉的缺乏是导致北极花有性繁殖受阻的主要原因。北极花之所以坚守着严格的自交不亲和性，冒着有性繁殖被放弃的风险，是因为它还有另外一种繁殖方式——克隆生长，可以作为居群维持与扩张的权宜之计。所以很多情况下，在一个区域内的北极花都是同一个个体，繁殖全靠自己"克隆"自己。

北极花克服了重重困难，穿越了漫长冰期，来到现在的居住地，但其种群却肉眼可见地不断缩小。我看着躲在阿尔泰山角落里的北极花，突然有些泪目，某些情况下坚持自我和自我毁灭之间，真的就差那么几步，人类社会如此，而自然界亦是如此。在喀纳斯湖畔，我仿佛在林间的风声、水声和鸟鸣间感受到了人类的基调，或者说人类社会的形态。

参考文献

[1] 何爽，翟雅芯，王德萍，等．珍稀克隆植物北极花有性繁殖状态及传粉模式研究 [J]．新疆大学学报（自然科学版），2019, 36(1): 65-71, 79.

[2] 翟雅芯，王玥，魏仙仙，等．珍稀克隆植物北极花有性繁殖及其对资源的分配和利用 [J]．新疆农业科学，2016, 53(6): 1122-1128.

[3] 侯真珍，何爽，王风雷，等．珍稀克隆植物北极花有性繁殖动态及影响因素 [J]．生态学杂志，2013, 32(12): 3167-3172.

[4] 蔡培印，张睿．林奈与林奈木 [J]．国土绿化，2004(6): 44.

[5] 刘博．长白山高寒地区濒危植物林奈木的解剖结构研究 [D]．长春：东北师范大学，2010.

阿尔泰金莲花：盛放山谷沐晚风

草坡上洒满了橘黄色的阿尔泰金莲花，延绵数公里，用浩浩荡荡来形容，一点都不为过。

斜阳轻抚禾木乡吉克普林草原厚重的草甸，仿佛给草甸铺了一层淡金色的薄纱，在此起彼伏的风里，荡漾出层层叠叠的波纹。远处的木屋，升起袅袅炊烟，与天边粉色的晚霞撞了个满怀，分不清哪里是烟、哪里是霞。夕阳中的草场上，盛放的阿尔泰金莲花，仅用轮廓之美就征服那些不远万里来到禾木旅游的人们，他们拿着手机、相机各种抓拍、摆拍，丝巾与裙摆随风飘扬，发丝与夕阳相拥相伴。我们远远望着花海及沉迷于花海中的人们，嘴角带着淡淡的笑意，这花儿这景确实挺美，但在我们眼中，过于普通了。或许，更深层的意识里，我们觉得阿尔泰金莲花太常见，实在不值得这样"大惊小怪"。

该怎么形容阿尔泰金莲花呢，说它普通，或许是因为太常见，在阿尔泰山的许多角落里，它都是主人般的存在。在很多山间谷地，你都会看到草坡上洒满了这种橘黄色的花朵，延绵数公里，用浩浩荡荡来形容，一点都不为过。我偶尔也会感慨，其实阿尔泰金莲花的单朵就已足够美，洒满草坡反而美得不够明显了。或许这就是人性，总觉得物以稀为贵。

可它真的普通吗？不，一点儿也不。它不仅美，而且是一种优质的中药材。阿尔泰金莲花（*Trollius altaicus*）是毛茛科金莲花属多年生草本植物。它的茎高可达70厘米，这在草本植物中算是"个头高挑"的物种了。它的叶片形状与银莲花相似，且花朵单独顶生，比较有趣的是，它的花瓣大多会比雄蕊稍短，或者与雄蕊一样长。广泛分布于新疆的阿勒泰、塔城及内蒙古西部的山坡草地和林下。它是哈萨克族牧民最常用的药材之一，具有清热解毒、止血止咳等功效，常用于治疗上呼吸道感染、扁桃体发炎等疾病，换句话说，它具有很好的抗炎作用。

作为一个游牧民族，哈萨克族牧民常年游走在草原山地，赶着牛羊、骑着马匹、拉着毡房从一个山谷迁徙到另一个山谷，这种逐水草而居的生活习性，世代延续。在作家李娟的笔下，那是一种马背上的洒脱和自由，那是治愈人心的天花板，可真实的牧民生活，并没有那么超脱。因为不论草原还是山地，都是气候多变的区域，牧民的生活又较为简朴，遇到突变的天气，难免会伤风感冒、嗓子发炎，且总是迁徙，很难有固定的医疗站点，所以遇到小病基本是选择一些传统的草药自行治疗。不知道是谁发现了草原上遍地都是的阿尔泰金莲花居然有清热解毒、止咳止血的作用，反正绝大多数哈萨克族牧民的毡房里，都能找到一大袋晒干的金莲花。

在白哈巴村开展植被覆盖和水土资源环境调查的空隙，我试探性地靠近一处陌生的哈萨克族牧民的毡房，想看看是不是真如人们所说，基本家家户户都有晒干的阿尔泰金莲花。毡房门口的一个大石磴上拴了一条黑色的牧羊犬，它并不狂吠，而是机警地看着我的动向。看我向屋内询问有没有人，依然不叫不跳，其实狗的这种状态才比较吓人，因为你不知道它什么时候会冲过来给你小腿上来一口。

好在女主人很快应声走了出来，看出我比比画画地想进毡房，就热情地递上一个微笑，把我迎了进去。木炕很简单，上面放着一片绣到一半的桌布，针脚独特且美丽。很显然，家里人都去放牧了，她正在享受一个人的刺绣时光。因为语言不通，我拿出手机上的图片跟女主人比画，告诉她要找阿尔泰金莲花的干花，她先是歪着头迷惑地看着我，顺手拽了拽自己的褐黄色的辫子，突然想到什么似的，弯腰出了毡房，在毡房外挂着的不起眼的袋子里，抓出一大把阿尔泰金莲花的干花，兴奋地拿给我看，那笑容淳朴又甜美。

看来真是家家户户都备有阿尔泰金莲花的干花，只是这干枯的花朵真不好看，完全没有了那种随风招展时的娇媚多姿。但这个时候的它，对人们来说却更加有用。临走时，毡房的女主人不由分说地塞给我一大把晒干的阿尔泰金莲花，估计她以为我嗓子疼在找这个。哈萨克族牧民的热情，暖心又直接。

科学家发现，阿尔泰金莲花的黄酮类成分是其发挥抗炎药效的主要物质基础，它的总黄酮可通过降低 PM$_{2.5}$ 诱导的人支气管上皮细胞的分泌从而

▲ 一开就是一整面山坡的阿尔泰金莲花　范书财摄

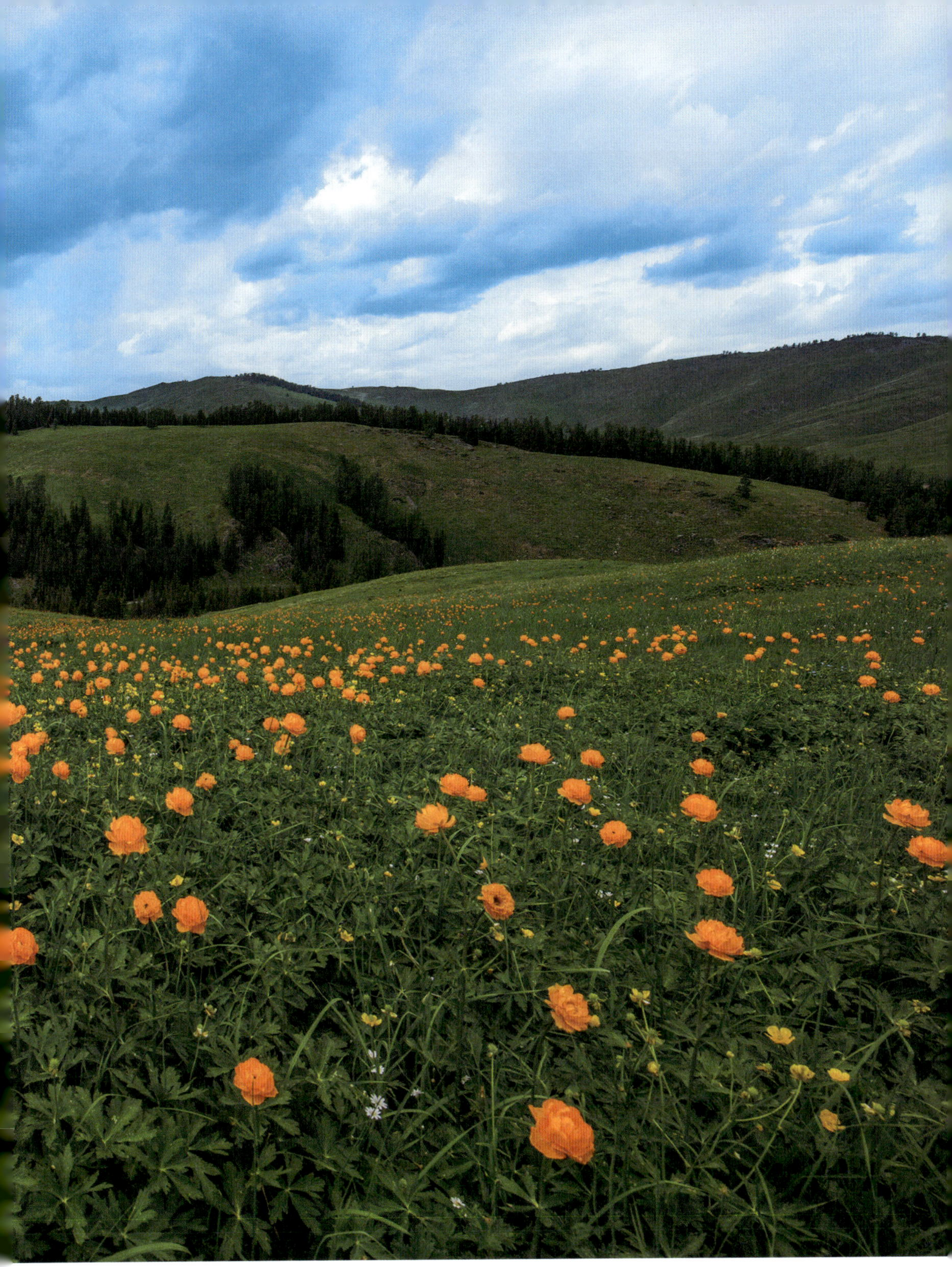

穿越山野深处 科考博物观察笔记

▲ 阿尔泰金莲花的花冠在微风中显得特别摇曳 段士民摄

发挥保护细胞的作用。而且，从其花朵中分离出来的牡荆苷还有抗癌、降血压和解痉的作用。新疆医科大学的有关研究发现，阿尔泰金莲花提取物能抑制浮游状态变异链球菌的生长，可用于预防或治疗龋病的药物及口腔护理用品中，且阿尔泰金莲花提取物取材于天然，就很好地避免了传统抗生素类和氟化物等对人体造成的副作用。

哈萨克族牧民可能并没有想到，自己毡房前的那明艳的阿尔泰金莲花这么厉害，只是知道嗓子疼的时候，用晒干的阿尔泰金莲花煮一点水喝就可以不那么难受了。其实，于我们而言一样，如果了解到阿尔泰金莲花的这些神奇之处，再回头看它漫山遍野的身影，还会觉得它过于普通吗？

参考文献

[1] 叶晓燕，齐鑫鑫，张石蕾，等.阿尔泰金莲花总黄酮对 $PM_{2.5}$ 致人支气管上皮 BEAS-2B 细胞急性损伤保护作用的研究 [J]. 毒理学杂志，2020，34(3): 191-196.

[2] 赵美，曾亚，周晓英. 阿尔泰金莲花总黄酮的抗氧化活性研究 [J]. 化学与生物工程, 2020, 37(2): 32-35.

中亚鸢尾：盐碱寒区也妖娆

中亚鸢尾会出其不意地出现在荒野的沙地上，在风中摇曳多姿地展现它的美。

与西伯利亚鸢尾（*Iris sibirica*）娇俏的紫色不同，中亚鸢尾（*Iris bloudowii*）是黄色的，是那种明艳艳刺眼的黄色，以至于你看见它，不需要借助什么识花软件便迅速能识别出来。在阿尔泰山的野地里更是如此，它会在翠绿的剑形叶片衬托下非常张扬地炫耀自己的花色，即便是在一众野花中，也立刻能凸显出来。但有时候，它会出其不意地出现在荒野的沙地上，依着某个沙丘，在风中摇曳多姿地展现自己的美，恶劣的生存环境与那娇嫩的花瓣一点儿也不般配。

我是在与科考队员前往哈巴河的白沙湖进行水文水资源调查时关注到它的存在的。其实很难不注意到它，因为印象中，这明黄色的鸢尾都是长在小区绿化带或者公园林带里的植物，突然出现在荒郊野岭的沙地上，让我的视觉神经有些不适应。

在新疆的北疆地区，中亚鸢尾比较常见，主要分布在阿尔泰山和天山海拔 1200~2500 米的亚高山灌丛草原及河谷草甸，偶尔也会有那么几丛不听话的，远离它们的同胞，长在荒野较为湿润的沙地滩涂上。

中亚鸢尾喜欢在湿润但排水良好且富含腐殖质的沙壤土或轻黏土上生长，比较有趣的是，这种看起来娇嫩的植物，居然有一定的耐盐碱能力，可以在 pH 超过 8 且含盐量为 0.2% 的轻度盐碱土中正常生长。科学家对中亚鸢尾进行抗旱性对比实验发现，它对固定地表土壤、防止水土流失和沙土流动有着显著的作用。在严重缺水条件下，中亚鸢尾叶片里的脯氨酸含量竟然呈现缓慢上升趋势，且其抗旱性较德国鸢尾和西伯利亚鸢尾更强，非常适宜作为地被用植物，或者说，它很适合在干旱区作为园林绿化植物，不仅节水耐旱，还耐盐碱。

在科学家的各类实验和物候观察中，中亚鸢尾的耐寒特性也得到了充分的印证，在哈巴河县，它在积雪覆盖的零下 40℃仍能越冬，说明了其卓越的抗寒能力。这与那艳丽的外表太不一致，或许，这种翻转恰恰是其魅力所在。

除此之外，多年生草本植物中亚鸢尾还具有药用价值，在中亚地区是传统的民间用药，特别是其地下茎块部分，在很多中亚国家村落里的民间药铺都可以见到。科学家通过分析中亚鸢尾的根及地下块茎发现，其最主要的化学成分为黄酮类，具有很好的生物活性，即具有较好的消炎作用。

鸢尾属植物全世界约有 300 种，广泛分布于北温带，因其美丽的外表很早就受到世人的关注。世界上首部记录鸢尾花的文献，是在公元 50—70 年由希腊人迪奥斯科德里斯（Dioscorides）所著的《药物论》（*De Materia Medica*）中，而在该书 6 世纪的维也纳手抄本中细致而精准地绘制了鸢尾的形态特征，展示了其花色的变化，并进行了简单的描述，同时记载了鸢尾属植物的药用作用。而德国植物学家彼得·帕拉斯（Peter Pallas）可能是世界上比较早的鸢尾追随者，1773—1786 年他先后在世界各地旅行并采集鸢尾属植物，包括产于我国的细叶鸢尾（*I. tenuifolia*）、白花马蔺（*I. lactea*）、囊花鸢尾（*I. ventricosa*），以及广泛分布于欧亚大陆北部和美洲北部的山鸢尾（*I. setosa*）。从他的收集种类可以看出他的足迹遍布了鸢尾的主要产区。

在世界著名的印象派绘画大师克劳德·莫奈的花园里，收集种植了多种鸢尾花卉，他在晚年曾以鸢尾为主题绘制了大量相关作品。而印象派大师文森特·凡·高也有大量的鸢尾花系列作品，可见艺术大师对鸢尾的喜爱。莫奈的《淡紫鸢尾花》曾拍出了 1.06 亿元人民币的高价，凡·高的油画《鸢尾花》价值超过 5390 万美元。这些留世名画高昂的价格，足以证明鸢尾在世人眼中的价值，法国更是将鸢尾视作光明和自由的象征。

而中国人对于鸢尾属植物更不陌生。鸢尾很早就被发现了药用属性，且用作了园林栽培，尤其是在宋朝比较兴盛。宋代朱翌曾作《夜梦与罗子和论药名诗》："天门冬夏鸢尾翔，香芸台阁龙骨蜕。任真朱子老无用，得时罗君政如此。"北宋杰出的天文学家、天文机械制造家、药物学家苏颂主编的《本草图经》，就已经对鸢尾的叶、茎、花期、花色等都有了记载。而且，

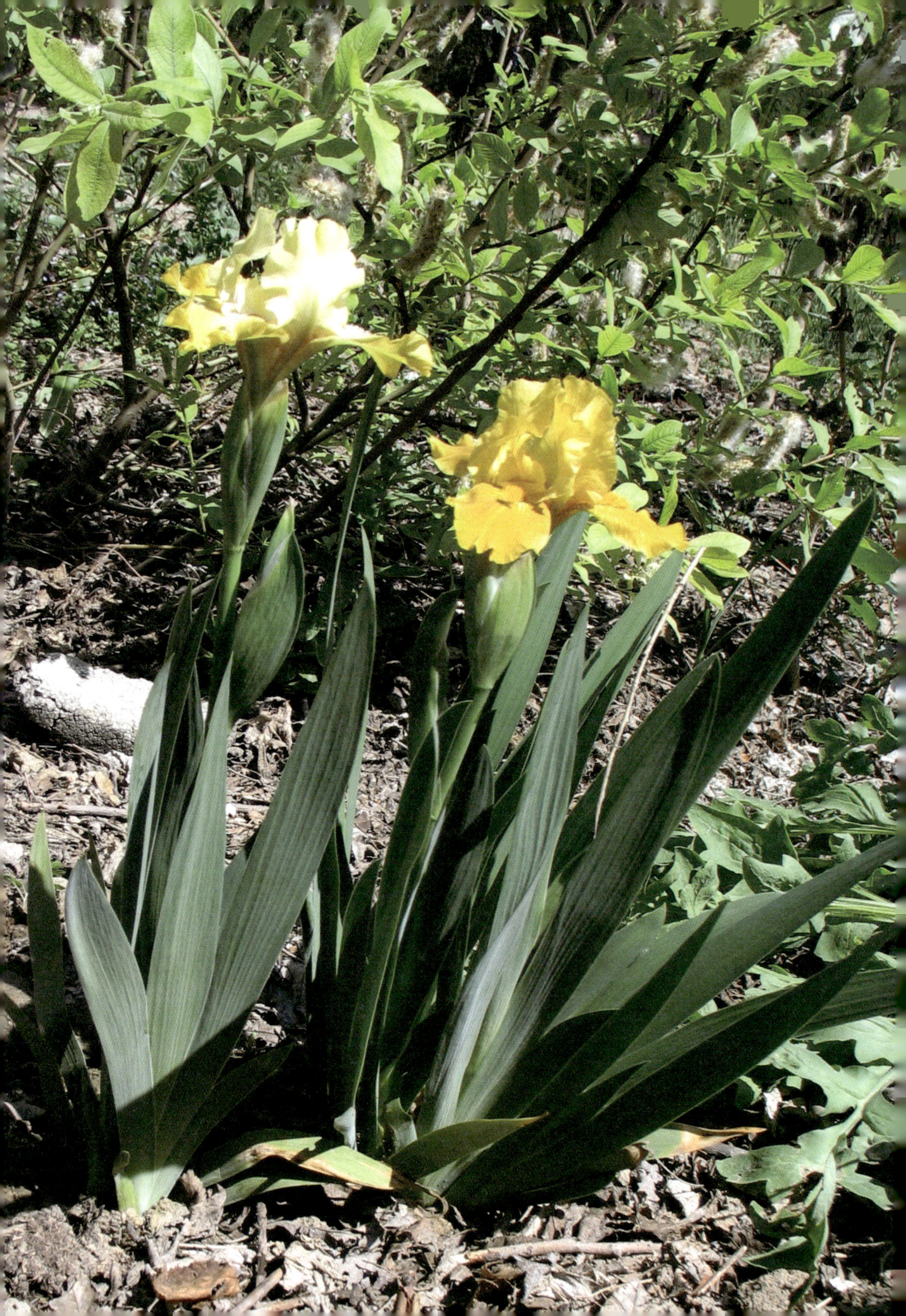

1 ｜ 2/3
1　中亚鸢尾植株　乌鲁木齐市植物园供图
2　荒野中的细叶鸢尾　范书财摄
3　迁移栽培的中亚鸢尾　乌鲁木齐市植物园供图

在宋朝的很多花鸟图中，都能看到鸢尾的身影，可见当时的人们就已经非常关注这种适用于园林的植物了。

不过，色彩明艳的中亚鸢尾应该是没有在他们的画中出现过，因为它似乎更适合生长在气候寒冷的干旱区，条件越艰苦，开得越明艳，就像挑战极限的勇士，越挫越勇。要知道，土壤含盐量超过 0.2% 时，很多粮食作物都无法生长了，它却乐此不疲地在荒野中开着耀目的花朵。

如今，野生中亚鸢尾的种质资源越来越多地被引种改良，作为干旱区城市的地被用植物，一方面，它耐盐碱耐寒旱，对所处区域的水土和气候

▲ 雪中绽放的鸢尾　范书财摄

要求较低。另一方面，它具有比较强悍的生长力，既可以种子繁殖，又可以球根繁殖，非常适合大面积绿化种植。

参考文献

[1] 王曼茹.新疆天山草本观赏植物空间分布格局与应用研究[D].兰州：西北农林科技大学，2022.

[2] 杨阳，杨穗，赵长琦，等.HPLC法同时测定中亚鸢尾中3种抗炎活性成分的含量[J].中国药师，2020，23(9): 1849-1851.

[3] 周源.七种鸢尾的抗旱性研究[D].乌鲁木齐：新疆农业大学，2006.

[4] 李宁，董玉芝，梁风丽.中亚鸢尾（*Irisb lowdowill*）小孢子发生和雄配子体形成[J].植物研究，2005(2): 140-143.

[5] 董玉芝，昝少平，李宁，等.中亚鸢尾的花粉生活力及其授粉[J].东北林业大学学报，2003(6): 78-79.

[6] 李宁.中亚鸢尾授粉、受精生物学研究[D].乌鲁木齐：新疆农业大学，2003.

西伯利亚冷杉：破冰迎雪散芬芳

西伯利亚冷杉，散发着一种淡淡的香味，让人瞬间卸下了紧张情绪。

穿越山野深处 科考博物观察笔记

朔风吹雪乱沾襟，走马投村日向沉。
遥想道人敲石火，冷杉寒竹五峰深。

不知北宋文学家晁补之在写这首诗的时候，说的到底是哪种冷杉，但我对冷杉的最初印象源于此诗。一说到冷杉，印刻在脑海中的便是一棵棵高大的杉树迎风沐雪的画面。尤其那个"冷"字，更是透出一股深深的寒意。

晁补之是北宋著名文学家，与黄庭坚、秦观、张耒并称为"苏门四学士"，一生仕途坎坷，辗转于山东、山西、安徽、浙江、江苏等地。从他一生的履历来看，他所往之处有百山祖冷杉（*Abies beshanzuensis*）的主要分布区，而《汴堤暮雪怀径山澄慧道人》中所写的冷杉，会不会是百山祖冷杉？还是他当时的一种心境？似乎已无法详知了。我四处询问，几位生态学家回复我，在古人眼中，杉树、松树基本不分，云杉、冷杉、柳杉等，乃至雪松、落叶松，一般都称为"杉"，更多的是一种意境。所以是不是百山祖冷杉很难说，况且，国内目前百山祖冷杉也所剩无几，不知当时是否那么常见？

纠结于此似乎无意义，只是诗中将冷杉周边凝结的那种寒冷刻画得入木三分，让人过目难忘。以至于我在阿尔泰山的泰加

▲ 冷杉"包裹"着禾木村　杨宏亮摄

林里见到西伯利亚冷杉（*Abies sibirica*）时，这首诗脱口而出。

其实，冷杉属（*Abies*）树种很多，中国是世界上冷杉属植物种类最为丰富、分布地域最广的国家之一，有22种和数个变种。调查发现，冷杉属植物的适宜生境面积为 2.65×10^6 平方公里，占我国陆地国土面积的27.6%，表明我国拥有极广阔的土地适于冷杉属植物生存。我国的冷杉多产于东北、华北、西北、西南及浙江、台湾的高山地带，常组成大面积纯林，或生长在针阔叶混交林中。

而西伯利亚冷杉，是其中比较特殊的一个种，它在我国分布面积狭小，可能是第四纪冰川时期南迁的北方针叶林树种，对研究古地理、古气候等有一定的科学价值。同时也是比较珍贵的天然种质资源，不仅是阿尔泰山较为重要的用材树种和水源涵养树种，还有药用和香料价值。

我们在额尔齐斯河流域开展区域水土资源及植被覆盖度调查的时候，正值盛夏7月，除了远处友谊峰终年不化的冰川积雪，并见不到冰雪。树林外阳光直射，感觉有些炎热，走不了几步就满头大汗。但一走进西伯利亚冷杉和西伯利亚落叶松（*Larix sibirica*）组成的混交林中，感觉就完全不一样了，浓密的郁闭度，使得阳光照射进来的强度减弱了很多。林中光线有些暗，我们仿佛进入了黑暗森林，让人不由得打冷战，一种强烈的防备情绪立刻涌了出来。但比较治愈的是，进去走一会儿，居然就会闻到一种淡淡的冷杉香味，让我瞬间卸下了紧张情绪。

西伯利亚冷杉是常绿乔木，树形高大，一般都能长到30米左右，胸径一般为40~50厘米，属于高挑秀美的类型。虽然它针状叶本身的颜色是较为浓郁的碧绿，但透过微弱的阳光看冷杉的针状叶，居然有种隐隐的蓝绿色光芒笼罩其上，越发显得有些神秘。特别是它已经成形但尚未成熟的球果，一层层被种鳞包裹着，透着略显娇嫩的黄绿色，整整齐齐地头朝上生长，就像一个个端坐在高高枝头上的人参果，看起来有些梦幻。

常年驻守在阿尔泰山各个林区的新疆林草专家王健老师特别提示我，关注一下西伯利亚冷杉的针状叶。他说："你最好亲手摸一摸，会有不一样的感触。"所以一进林子，我就开始寻找稍微低矮一点的幼龄西伯利亚冷杉，好不容易看到一棵，赶紧过去小心翼翼地摸一摸，生怕被扎了。没想到，它挺松软的，摸起来有些柔韧性，有点像我们平时用的毛刷子，还挺有弹性。这让我很意外，因为雪岭云杉的针状叶挺扎人，我在天池旁进行植物采集时深有体会。而同为杉科植物，这么柔软的针状叶，我还是第一次见。

西伯利亚冷杉属于非常耐寒的乔木，但对土壤的肥力和水分要求却不低。在它的分布区阿尔泰山西北部，年平均气温只有零下3~2℃，而极端最低温则达到了零下44℃。这里虽然冷，但年降水量却并不低，平均可达700~800毫米。西伯利亚冷杉的生长地多位于气候湿润的亚高山下部或中部森林带的阴坡、半阴坡。它生长的地方总结起来就三个字：阴、湿、冷。科学家推断，这种生存环境可能是造成西伯利亚冷杉繁殖周期过长的原因。作为种子繁殖物种，西伯利亚冷杉与人类很像，只有树龄足够成熟的西伯利亚冷杉才会开花并结出球果。一般情况下，长到20年以上的西伯利亚冷杉才会长出松子并繁殖。

早先科学家发现，西伯利亚冷杉中的冷杉油、冷杉醇和冷杉胶对毛细血管的通透性有改善作用。冷杉胶可抑制50%的角叉菜胶诱导的水肿，而冷杉油和冷杉醇对其的抑制率分别为32%和28.8%。从西伯利亚冷杉上得到的琥珀色的松脂，由挥发油和树脂组成，其主要成分是二萜混合物，具有促进伤口愈合的作用和抗烧伤的特性。近年来，俄罗斯科学院恩格尔哈特分子生物学研究所的阿纳斯塔西娅·利帕托娃（Anastasiya Lipatova）及其团队从西伯利亚冷杉的树根和树干中提取到一种萜烯化合物——Abisil，能清除人体细胞内的垃圾，进而达到抗衰老和延长寿命的作用。他们在实

▲ 西伯利亚冷杉植林　汪小全摄

群芳谱　西伯利亚冷杉：破冰迎雪散芬芳

▲ 西伯利亚冷杉枝叶　汪小全摄

▲ 西伯利亚冷杉的球果　段士民摄

验中观察到，小剂量的Abisil 萜烯溶剂可以发挥抗氧化和合成代谢作用，并刺激血管生长因子和适应性免疫基因表达。西伯利亚冷杉的药用价值正随着对其研究的深入而不断扩展。

人们从西伯利亚冷杉的针叶和树枝中还萃取出了冷杉精油。与其他精油浓郁的香味不同，它的味道会让你有种瞬间被森林所包裹的感觉。那种放松和舒缓的感觉，让人仿佛漫步在刚刚苏醒的森林中，体会来自原始荒野的宁静。冷杉精油属于非常自然清新的精油，已被开发利用在许多化妆品中。

但是，西伯利亚冷杉在国内分布的范围却越来越窄了，这与气候变化息息相关。科学家调查发现，随着未来气候变化，冷杉属植物在我国的适宜生境将大幅度缩小，在不同浓度温室气体排放情景下，适宜生境的削减程度不同，高浓度的温室气体排放将严重威胁冷杉属植物的生境，造成生境退化甚至消失等一系列严重后果。虽然它进化出很好地适应极寒气候的"机能"，但终究逃不过环境变化和人类对环境的影响。我们只能希望，这种气候变化影响的脚步变慢，让这个周身是宝的原始物种，在穿越了千百万年的地质变迁后，还能继续挺立在阿尔泰山的极寒之地。

参考文献

[1] 胡乃华. 从西伯利亚冷杉中提取的一种萜烯的抗衰老活性研究 [J]. 天然产物研究与开发, 2021, 33(10): 1782.

[2] 王良信. 西伯利亚冷杉树脂的伤口愈合作用及抗烧伤特性 [J]. 国外医药（植物药分册）, 1999(5): 214.

[3] 王清春, 李晖, 李晓笑. 中国冷杉属植物的地理分布特征及成因初探 [J]. 中南林业科技大学学报, 2012, 32(9): 11-15.

[4] 刘然, 王春晶, 何健, 等. 气候变化背景下中国冷杉属植物地理分布模拟分析 [J]. 植物研究, 2018, 38(1): 37-46.

[5] 王瑞红. 我国冷杉属植物天然更新影响因素研究进展 [J]. 黑龙江农业科学, 2018, 290(8): 144-148.

[6] 中国科学院中国植物志编辑委员会. 中国植物志第七卷 [M]. 北京：科学出版社, 1978.

[7] 刘增力, 方精云, 朴世龙. 中国冷杉、云杉和落叶松属植物的地理分布 [J]. 地理学报, 2002, 57(5): 577-86.

[8] 陈文俐, 杨昌友. 中国阿尔泰山种子植物区系研究 [J]. 云南植物研究, 2000, 22（4）: 371-378.

西伯利亚花楸：明媚秋色映山谷

透过明媚的阳光，橘红色的西伯利亚花楸叶散发着一种耀目的光芒。

逐步成熟的西伯利亚花楸　段士民摄

人们眼中的喀纳斯，宛若神的后花园，不仅湖光山色两相宜，更有无数珍禽异兽，令人向往，充满梦幻。但事实上，真正能烘托出这种仙境的，恰恰是那些不言不语守候在山谷湖畔、耐得住寂寞和严寒的植物。

尤其是秋色里，泰加林层次丰满，各种颜色的树木将喀纳斯那一弯蓝色的"月亮"衬托得极为明艳动人，以至于"月亮湾"一度成了喀纳斯的代名词。但喀纳斯的美，何止于此，植物种类的多样，又何止高低错落的疣枝桦、西伯利亚落叶松和西伯利亚云杉？各种高高低低的乔木、灌木，用枝叶和树干，与云雾缠绕，与湖水共舞，勾勒出一幅幅绝世的油画。

几位老师要在西伯利亚冷杉上挂监测仪器，我们则在深秋时节的山谷里呈野兽状四散，停下脚步欣赏周遭的风景。因为我们去的并非游客经常出现的区域，所以林中也格外安静，只有鸟儿的鸣叫、风穿过树梢的阵阵松涛声，以及溪涧冲击山岩发出的潺潺流水声。

我沿着河谷前行，突然被眼前一片"橘红明黄映朱红"的景色给震惊了。透过明媚的阳光，橘红色的西伯利亚花楸叶散发着一种耀目的光芒，朱红色的果实宛如一串串晶莹透亮的红玛瑙在枝头摇曳，与满树鲜红色的叶片交相辉映。望着冷杉、白桦掩映下透出的那一抹鲜红刺目的红叶，我突然感悟"美不胜收"一词的精妙，居然如此完整地概括了眼前这美景。我还感慨着画面的震撼，带路的向导突然大笑起来，他鄙夷地说："看看你没见过世面的样子，这要是到了花楸谷，还不疯了。这景色在喀纳斯算什么，不值一提！"

在此之前，西伯利亚花楸满足的不是我的视觉，而是我的味蕾。我记得某种俄罗斯果酱，上面就标明含有西伯利亚花楸果。那果酱浓郁饱满的甜味，符合俄罗斯果酱的一贯风格，也充分满足了我嗜甜如命的味蕾。但据说，西伯利亚花楸果本身是苦涩的，应该是加入了大量其他果酱和糖分提升了甜度。我也确实没想到，它的身姿如此妖娆迷人，属于"内外兼修"的物种。

全世界花楸属植物有 80 余种，而我国就分布有 55 种和 10 个变种。分布在我国北方寒冷地区的有水榆花楸（*Sorbus alnifolia*）、天山花楸（*Sorbus*

群芳谱　西伯利亚花楸：明媚秋色映山谷

tianschanica）、太白花楸（*Sorbus tapashana*）、西伯利亚花楸（*Sorbus sibirica*）等。在新疆，野生的西伯利亚花楸主要分布在布尔津河、哈巴河等山区。而在国外，它分布的范围就十分广阔了，俄罗斯和蒙古国都有分布。

植物分类学家经过物种调查发现，即便是在俄罗斯，西伯利亚花楸的主要分布区也只在西伯利亚地区，其他大部分地区分布的都是普通花楸。远东和堪察加地区分布的则是接骨木叶花楸、堪察加花楸和阿穆尔花楸。同时，从19世纪开始，俄罗斯就已经将西伯利亚花楸作为园艺树种进行研究和尝试培育新品种了。

虽然西伯利亚花楸的树形美，花美叶也美，甚至果实都很美，但它却并非娇贵的物种。很难想象细枝嫩叶的西伯利亚花楸可以耐零下43℃的寒冷气候；当外界气温达到5.5~6℃时，叶芽便开始逐渐萌动；平均气温只有13~14℃时就已盛放花朵了。所以，在喀纳斯的初夏时节，气温还比较低的时候，你就可以看到西伯利亚花楸如雪的小白花成片地盛放，衬托在新绿的叶片上，像一片浮在嫩绿枝叶上的云，青葱怡人。

西伯利亚花楸的挂果期很长，大冬天，你常常可以看到，被皑皑白雪压着的树枝上，挂着一串串透红玛瑙般的小果，那就是西伯利亚花楸留在枝头上的"鸟食"，而这些"鸟食"也为当地的生物多样性做了贡献。有时候漂亮的鸟儿在枝头啄食花楸果，被"偷拍"下来，俨然一幅国画花鸟图。我的好友赵春辉老师，每年会专门在天气最寒冷的时候去拍几组喜鹊、灰蓝山雀或白斑翅拟蜡嘴雀等啄食花楸果的照片，那效果，完全就是一张张精妙的"花鸟图"。

或许正因为西伯利亚花楸一年四季都有不同风情的美，俄罗斯很早就开始对其进行人工培育，用于园林绿化。而我国不少较为寒冷的北方城市，也将西伯利亚花楸作为行道或绿化树种进行引种栽培。

"美则美矣，没有灵魂"，这句话经常被用来形容那些徒有外表、内涵匮乏的人或物。但很显然，西伯利亚花楸不属于这种"中看不中用"的序列。

▲ 茂盛的西伯利亚花楸林　段士民摄

群芳谱

西伯利亚花楸：明媚秋色映山谷

穿越山野深处 科考博物观察笔记

▲ 雪中的花楸，格外明艳　范书财摄

除了园林价值，西伯利亚花楸的食用价值早已被人们挖掘，它的果实中富含生物活性物质和微量元素，有多种人体必需的氨基酸及果糖、苹果酸、果胶等物质。不仅可以将果实制干磨粉，加到各种糕点和饮料中，还可以与其他果实混合制作各种果酱、果冻和果糖等。科研人员还发现，西伯利亚花楸的枝条提取物对革兰氏阳（阴）性球菌或杆菌、酵母及霉菌均有较好

的抑菌效果，可用于治疗肺病和食物的防腐、保鲜等。

果然是"内外兼修"的物种，优势藏也藏不住，即便是躲在西伯利亚云杉与冷杉混交林里，依然能突显出来，展现在世人面前。

参考文献

[1] 徐中秋,刘阳.北疆地区西伯利亚花楸生物学特性及栽培技术简介[J].南方农业, 2022, 16(13): 95-98.

[2] 梁立东,杜鹏飞,张亚楠.西伯利亚花楸种子不同处理对萌发特性的影响[J].林业科技, 2020, 45(6): 1-3.

[3] 古丽江·许库尔汗,张东亚,安鹭,等.西伯利亚花楸生物学性状及引种栽培[J].北方果树, 2014, 182(4): 57-59.

[4] 赵永昕,帕提古丽·马合木提,阿不都拉·阿巴斯.新疆两种花楸不同部位总黄酮的提取及其含量比较[J].天然产物研究与开发, 2006(5): 830-832.

[5] 龚尚芝,刘红,尹林克.新疆西伯利亚区系野生观赏植物迁地保护与利用研究[J].农业与技术, 2015, 35(7): 79-83.

[6] 张军.西伯利亚花楸应用价值及栽培[J].中国林副特产, 2016(5): 52-53.

新疆猪牙花：林间松下有奇花

在透着阳光的密林中,新疆猪牙花艳丽的花朵随风舒展,俨然一幅静美的油画。

一直让我耿耿于怀的是，明明开花时美若鸢尾的物种，却被称作"新疆猪牙花"。我第一次见它，是在同事的电脑桌面上，为了它那有点庸俗的名字，还跟人掰扯半天。再次遇见，却是在阿尔泰山的西伯利亚落叶松下。我们在阿尔泰山区开展科考调查的时间，正值它开花，在透着阳光的密林中看见一朵朵艳丽的花随风舒展，树的黯淡，花的明媚，恍惚又清晰，动静之间，世外之境，仿佛一不小心走进了荒野派的油画中，让人无心再纠结它名字的雅俗，只想静静地远离尘世。

关于它的名字，有两种说法：其一，植物的花被片反折，很像野猪的獠牙；其二，猪牙花的地下鳞茎，长得很像野猪的獠牙。不论哪种，多少都让人觉得为什么不能起个美好一点的名字？或许，这是植物学家根据分类学需要起的名字吧！

全球的猪牙花约有29种，我国只有两种，即猪牙花（*Erythronium japonicum*）和新疆猪牙花（*Erythronium sibiricum*），分别产于东北和新疆，而这两种猪牙花均属于早春类短命植物。早春开花，夏季叶片枯萎，地下进行芽的分化，而秋季和冬季则休眠。

早在1841年，俄国植物学家费舍尔（Fischer）和迈尔（Meyer）就首次向人们描述了这种植物。新疆猪牙花是一种多年生高山早春类短命植物，主要分布在北半球西伯利亚至中亚的寒温带地区。而在国内，新疆猪牙花则多分布于阿尔泰山区，生长于海拔1100~2500米的西伯利亚落叶松林下。阿尔泰山海拔并不高，但纬度高，冬季是绝对的严寒地带，积雪厚实，冷空气频频来袭。即便到了春季，气温也远低于他处。密密实实的西伯利亚落叶松林下，虽然土壤较为肥沃，但光线肯定不够充足，而新疆猪牙花却普遍选择生长在光照不强的区域。

科研人员发现，在自然光照条件下，新疆猪牙花开花时间要比遮阳条件下早8天，但是花期却短5天左右。而花期短，就意味着授粉时间短，会影响结实。而在遮阳条件下，它的授粉时间却可以得到很好的延长，自然使结实率显著提高。这或许说明，生活在枝繁叶茂的西伯利亚落叶松下，是新疆猪牙花的主动选择。

石河子大学马淼教授团队的研究发现，新疆猪牙花的叶片生长更智慧，叶片大而薄，角质层不明显，这种状态一方面增大了光合作用的面积，另一方面又减少了对光的反射，有助于对林下阳光的有效捕获，从而提高叶片的光合效率。更重要的是，新疆猪牙花的叶肉有海绵组织与"拟栅栏组织"的分化，后者的细胞呈长柱形，其长轴方向与叶表皮方向平行，多层排列，如此就能有效提高叶绿体对光能的捕获效率，这是新疆猪牙花对林下弱光生境长期适应的结果。

作为早春类短命植物，在春天还看不到影子的时候，新疆猪牙花仿佛已知晓时节般，开始在冰雪下顶冰萌发了。事实上，它的地下鳞叶已经度过了长达10个月左右的休眠期。一旦气候适宜，新疆猪牙花的生长发育速度就很快，年苗在萌发后的第二天便开花。花朵艳丽，娇艳欲滴，却也因反折而起的花被片，多出几分犀利的姿态来。虽然花期仅一周左右，它却用美好定格了"短暂"的一生。

开花之后，新疆猪牙花不断加快生长速度，在顶层树冠郁闭前，用短短90天的时间，完成当年的全部生长过程，以应对光照对其生长造成的限制。到了6月底，种子成熟后，它地面部分的植株就枯萎死亡了，而地下部分的鳞叶进入休眠期，鳞茎则继续生长到夏末才进入休眠状态。

事实上，新疆猪牙花的鳞茎，是在盛花期完成更新生长的。夏眠期时，鳞茎不休眠，而是进行地下芽的分化和发育。新的鳞茎每年在原有鳞茎的基础上更新一次，每个鳞茎底部都会形成一个鳞座，而新鳞茎则会在土壤中下移一个鳞座的位置，使得多年的鳞座像串珠一样排列集合在一起。科研人员解释，鳞茎每年在土壤中逐渐加深，这也是为了争取更加优化的生态位。一方面有效降低冻害，另一方面减少森林大型动物挖掘取食。人们根据鳞座的数量，可以推测新疆猪牙花单株的年龄。

新疆猪牙花的种子传播也比较神奇，属于较为典型的"蚁播植物"。它

旷野中的猪牙花　范书财摄

猪牙花翻折的叶片　范书财摄

穿越山野深处 科考博物观察笔记

▲ 雪野中傲立的猪牙花　范书财摄

的种子一端长有一小团透明油脂体,这些油脂体对种子本身并没有实际作用,但每当果实成熟之际,林中的蚂蚁就会被吸引来搬运这些种子,把种子带回巢穴作为食物。而蚂蚁只会吃掉种子上的油脂体和少部分种子,大多数种子会在废弃的蚁巢生根发芽,最终发展成新的种群。连种子的传播都充满了智慧,看来真不是一种简单的植物。

新疆猪牙花一直备受哈萨克族人的欢迎,是当地传统的食用和药用植物。哈萨克药配方中提到的"别克"或"别克参"就是新疆猪牙花的多年生鳞茎。而最新研究发现,猪牙花80%的乙醇提取物有着良好的抑菌效果及较强的抗氧化作用,且微量元素含量较高,具有很高的药用开发价值。为了保护野生种质资源,防止人们因为它的药用价值便非法采挖,科研人员正在从种子繁殖和分球繁殖等方面入手,加快新疆猪牙花繁殖技术体系的研究,这为新疆猪牙花大规模人工繁育和开发利用奠定了基础。

参考文献

[1] 钟鑫.猪牙花 冰雪后的粉色花海[J].森林与人类,2022,384(7): 106-113.

[2] 马智,马淼,赵红艳.类短命植物新疆猪牙花解剖结构及其生态适应性的研究[J].广西植物,2012,32(3): 304-309.

[3] 曹长清,任丽,刘丹,等.中国猪牙花属研究现状和世界猪牙花分布概况[J].林业科技,2021,46(4): 49-51.

[4] 古丽江·贾曼拜,古力西拉·沙菩西.不同光照条件对新疆猪牙花花粉生活力及柱头可授性的影响[J].南方农业学报,2013,44(9): 1444-1447.

[5] 古丽江·贾曼拜,何春霞,古力西拉·沙菩西,等.新疆猪牙花的应用价值与影响开发利用的因素[J].新疆林业,2012,223(3): 32-33.

[6] 郎涛,夏建新,吴才武,等.新疆阿勒泰地区典型药用植物群落与多样性研究[J].中药材,2016,39(7): 1472-1476.

[7] 刘雪莲,杨允菲,朱俊义,等.类短命植物猪牙花夏眠期地下芽分化与生长节律[J].南京林业大学学报(自然科学版),2018,42(1): 67-72.

疣枝桦：秀木临风不惧寒

桦树金黄色的叶片随风轻盈飘动,白色的树干平添了几分诗意栖居的韵味。

秋日克兰河畔的桦树林，是很多人眼中的童话世界。碧蓝而无云的天空，有一种通透的深邃，久久凝视会使人迷茫。朝阳穿过林中的薄雾投射下来，清澈的克兰河水静谧且缓慢地流动着，桦树金黄色的叶片随风轻盈地飘动，白色的树干平添了几分诗意栖居的韵味，脚下深褐色的泥土松软且厚重，整个画面唯美而沉静，仿佛自然主义派画家加瑞·梅切斯笔下凝固的风光，突然展现在了眼前。其实，桦树林里并不只有桦树，还有杨树、野蔷薇、野山楂、毛柳。而林下，并不都是深褐色的泥土，时不时会有光滑圆润的鹅卵石散落在林间。或许，正是这种多样和穿插，让这景色更加饱满。

克兰河河岸林中的桦树，有一个比较拗口的名字——疣枝桦（*Betula pendula*），是新疆北部山区重要的落叶阔叶乔木树种。它的主要分布区在新疆阿勒泰地区的哈巴河、布尔津河和克兰河等河流的滩涂区域，而这几条河都是额尔齐斯河的重要支流。所以，在第三次新疆科考"额尔齐斯河流域水资源利用及生态安全调查评估"项目的实地科考调查阶段，疣枝桦出现的频率非常高。当然，它在天山山脉的部分区域也有分布，包括在欧洲及西伯利亚等地也有分布。我们在秋日喀纳斯的泰加林中看到的那迷人的一抹金黄，也有疣枝桦贡献的色彩力量。

疣枝桦是欧亚大陆温带古老的小叶型阔叶树种，出现于白垩纪末期，是阿尔泰山和天山的特有物种。它具有旺盛的萌生力，萌芽能力可保持70年以上，平均寿命达100~120年，属于长寿树种。它喜光也喜湿，对土壤需求不高，适应性非常强且生长迅速。别看疣枝桦秀美且不粗壮，论耐寒，它可是阔叶乔木中的"重量级选手"之一，它可以在冬季气温达零下50℃的阿尔泰山区旺盛地存活，是当地天然林生态系统中重要的先锋树种。

说疣枝桦是先锋树种，不是随便说说，是有科学根据的。阿尔泰山北端喀纳斯区域的森林，是我国唯一有西伯利亚山地南泰加林生态系统的代表性森林，这里的森林群落属于典型的火成演替群落。是的，你没有看错，我们闻而却步的林火，是促进其森林群落演替的一种主要驱动力。

喀纳斯的泰加林　范书财摄

相关研究显示，林火会给森林的生态系统带来一定的灾难，但从另一个角度看，林火有助于森林的更新、森林中凋落物的清除及控制森林病虫害的扩散。科学家发现，林火发生后，植被的恢复和演替过程会对生态系统的结构与功能产生很大的影响。这些区域的物种，会以不同的方式响应火的干扰，并表现出一系列与耐火和再生有关的特性。比如，有些植物属于先锋物种，可以在林火之后很快适应火干扰环境，爆发出旺盛的生长力，疣枝桦就是其中的代表物种。

科学家在对阿尔泰山的长期监测中发现，当林火发生后，森林里的光照和土壤养分资源相对丰富，疣枝桦依靠其快速生长的特性在群落中迅速定植。而它的快速生长，又为西伯利亚云杉、西伯利亚红松的定植和幼苗生长提供了合理的遮阴条件，使这些针叶树种得以恢复并不断扩大所占比例。而这种重生到了一定阶段之后，疣枝桦某些重要的生长值开始骤减，它便逐步减缓生长速度。而西伯利亚云杉、西伯利亚红松的生长环境却更加优化，不断扩张生存领地，整个区域逐渐形成了针阔叶混交林。

其实，当地人对疣枝桦的认知，可能不仅是一种植物，更是一种物资，或者说，是一种资源。疣枝桦生长迅速，树干材质较硬且结构细致，是较好的胶合板和细木家具材料。我在看小说《额尔古纳河右岸》的时候，里面描绘当地的鄂温克族人用桦树皮制作水桶、船只、绘画工具，用桦树枝做箭杆，用桦木做农具、家具，甚至食用桦树汁等，当时觉得这种植物很神奇。后来在阿尔泰山做调查看见繁茂的疣枝桦，寻思着这疣枝桦是不是也有那么多的用处？王健老师给出的答案印证了我的想法。

王健老师多年驻守在阿尔泰山，关注疣枝桦的研究，在他眼里，这种植物几乎无所不能。我们跟着他在克兰河畔的桦树林里做调查，他一口气就列出了疣枝桦的多种用法：桦树皮可做鞋垫、船、水桶和各种工艺品，还可以炼油；桦树汁可以治疗皮肤病，还可以洗脸、洗头、洗澡，甚至可以做成面膜和饮料……

王健老师告诉我，有关研究发现，桦树液中确实含有氨基酸、维生素、果糖、生理活性酶等，可广泛用于食品、化妆品、酿酒等产业。一般每年的4月中上旬，疣枝桦萌芽展叶前可采大量的树液，采集的时候不能乱采，需要遵从一定的规范程序，为此1993年王健老师团队专门制定了一个桦树采液技术规程，规范在野生疣枝桦林里的采液行为。

别看疣枝桦那么抗冻，但在抗虫方面，却会败给小小的桦树花环扁叶蜂。这种身长不足1厘米的小昆虫，能让身高25米的疣枝桦"闻蜂丧胆"。在一般认知中，一大群蜜蜂在林间飞舞，看起来仿佛是一幅勤劳耕作的美妙画面，但对疣枝桦来说却未必，因为群蜂飞舞，可能是它长不出新叶的开端。

桦树花环扁叶蜂（*Pristiphora conjugata*）的雌性成虫长7~8毫米，而雄性成虫不过5~6毫米。因头部和腹部有黑色斑点，又被称作"桦树黑点叶蜂"。它的初龄幼虫采取的是集群取食策略，在叶缘上排成一列，头朝下将尾部翘起呈螺旋状弯曲，啃食疣枝桦嫩叶，这个集群"作战"的方式很可怕，只要天气适宜，很快全树冠的叶片就会被啃食完，状若枯死。科研人员统计过受灾疣枝桦林区小枝叶片上的幼虫数量，最严重时每50厘米的长枝上，桦树花环扁叶蜂幼虫数量就多达20~40头。

好在桦树花环扁叶蜂幼虫在啃食完树冠的叶片后，爬下树干寻找食物的过程中会大量饿死。要不这密密麻麻的虫子，足以吞噬整片疣枝桦林。不过，生存能力强的桦树花环扁叶蜂老熟幼虫，则在爬下树干后寻找疏松的土壤，在树根周围钻入3~5厘米深的土壤内吐丝结茧越冬，翌年5月上旬化蛹出土。所以当地对付它的方式就是在它羽化出土时泄洪或人工灌溉，让它的生命终止在土壤里。

虽然阿尔泰山的疣枝桦织就了一幅幅风景大片，但有一对著名的疣枝桦"夫妻树"却并不在阿尔泰山，而是在神秘的夏尔西里自然保护区。那是两棵相距仅50厘米的连体疣枝桦。树高25米，胸径20多厘米，在两棵树距离地面1.5米高的地方，有一根10厘米粗的活着的疣枝桦横干将它们

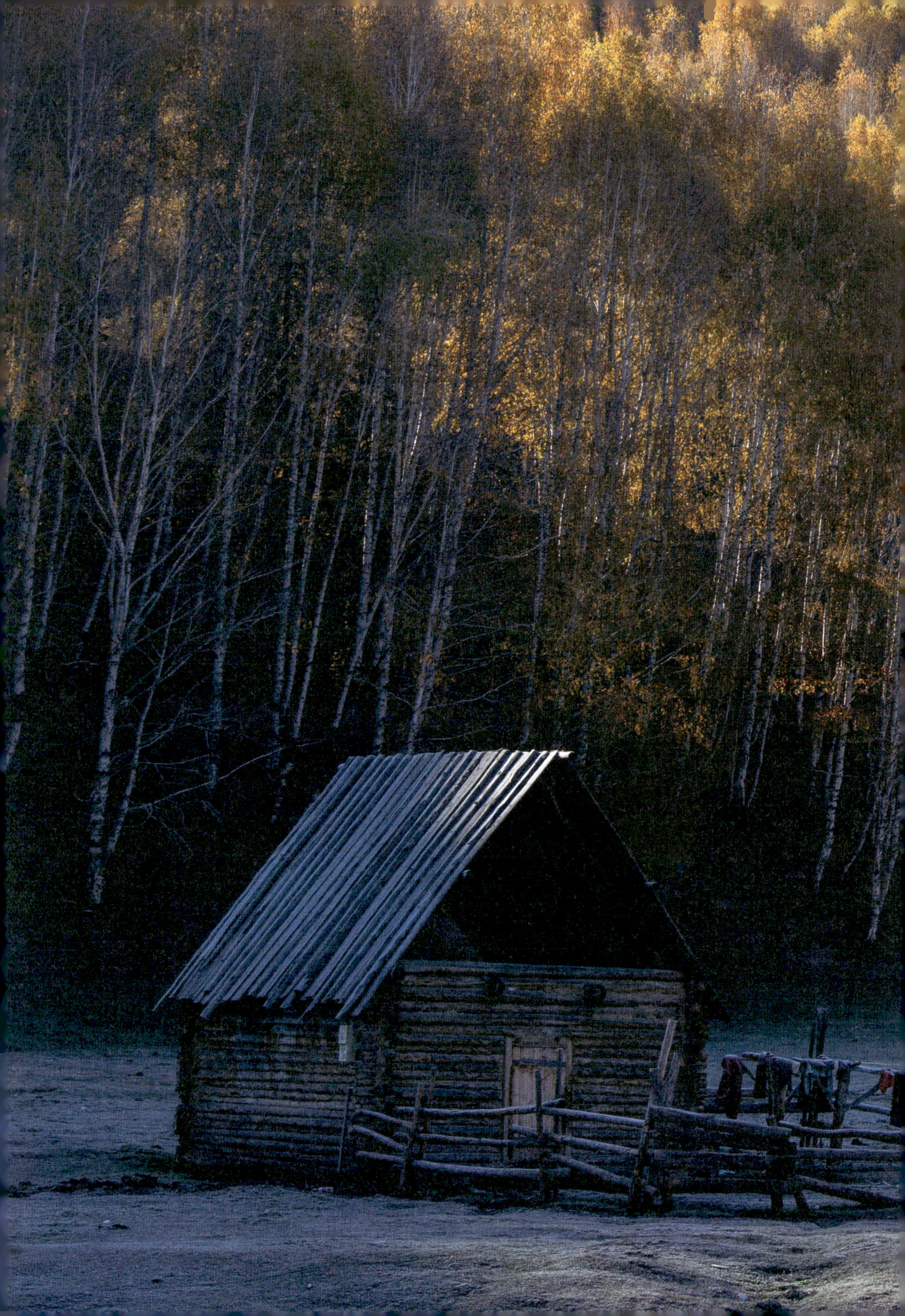

疣枝桦与小木屋是绝配　范书财摄

穿越山野深处 科考博物观察笔记

1	2
3	4

1　疣枝桦白色的树干，是它营造意境的主要砝码　段士民摄
2　疣枝桦未成熟的果序　段士民摄
3　疣枝桦的果鳞　段士民摄
4　疣枝桦的叶片　段士民摄

222

连在了一起。周边由此便多了不少动人的爱情传说，而植物学研究者认为，两棵树幼年时，其中一棵疣枝桦因风吹或其他原因，将自己的嫩枝搭在了另一棵疣枝桦的树干上，日久天长，这根枝条便长进了对方体内，便有了两棵疣枝桦并肩而立、紧密相连的现状。

随着疣枝桦各种经济价值不断被挖掘，它的资源化利用越来越多。除了作为传统的木材进行造林培植外，因为其树形好看，对土壤和水分的要求不高，在北疆，越来越多的地方开始使用疣枝桦作为农田防护林的优选树种。每逢秋收时节，便可以看见一排排银枝金叶的疣枝桦驻守在田野间，俨然一幅秀美的丰收图景。

参考文献

[1] 郭珂，潘存德，李贵华，等. 基于 MRT 的喀纳斯泰加林火成演替群落数量分类 [J]. 生态学杂志, 2019, 38(6): 1926-1936.

[2] 刘端，阿里木·买买提，白志强，等. 喀纳斯自然保护区 2 树种树干液流变化特征及其与气象因子的关系 [J]. 西南林业大学学报, 2016, 36(5): 39-44.

[3] 孙照斌. 疣枝桦的构造及性质研究 [J]. 林业科技, 2001(6): 35-36.

[4] 杨纪，张朝晖，陈志铭. 神秘夏尔西里：中国的"最后净地"[J]. 新疆人文地理，2015, 65(8): 29-33, 28.

[5] 卢山，田成军. 桦树花环扁叶蜂在阿勒泰地区河谷林的发生情况及其防治措施 [J]. 防护林科技, 2012(2): 2.

黑杨：世界杨树基因库里的"帅哥"

在河谷林中，黑杨显得高大且俊美，一副玉树临风的模样，是河谷林里的"帅哥"。

穿越山野深处 科考博物观察笔记

在很多人眼中，法国印象派大师克劳德·莫奈以画睡莲著称，但事实上，在莫奈的睡莲花园建好之前的很长一段时光里，他画过大量的杨树，而且杨树一度是他绘画的忠实题材。那粗壮的树干，葱茏向上的叶片，一排排整齐列队于水塘旁的杨树，映衬在云卷云舒的淡蓝色天空下，光影的变化闪烁迷离。当时莫奈居住于法国的吉维尔，此处杨树分布较广，白杨和黑杨的种植比例都不低。所以，在他的风景画中，白杨居多，而在一些有人物的画作中，背景里呈现的则多是黑杨。不过，无论白杨还是黑杨，那些杨树在光影之间的迷离状态，都是让人惊叹的美妙画作。

其实，那些唯美画面中的黑杨，离我们并不遥远，新疆北部的额尔齐斯河流域，就是黑杨在我国唯一的天然分布区。平坦宽阔的额尔齐斯河两岸滩地上，生长着茂密的河谷次生林，蕴藏着丰富的杨树种质资源，银白杨（*Populus alba*）、银灰杨（*Populus canescens*）、黑杨（*Populus nigra*）、苦杨（*Populus laurifolia*）、额河杨（*Populus × jrtyschensis*）等杨树的野生种密布于其中，这里是我国杨树野生种分布最为丰富的区域，一度被誉为"世界杨树基因库"。

在我们的科考队里，对黑杨的关注，主要来自新疆林草专家王健老师，他是额尔齐斯河那片河谷次生林的忠实"粉丝"。作为一名林草专家，在近40年的科研生涯中，额尔齐斯河的河谷次生林是他经常出没的地方，恐怕

▲ 丰富的河畔杨树基因库　王健摄

连他自己也记不清到底去过多少次。带着我们在河谷林中做生态调查的时候，他特别熟悉地这棵树摸摸，那棵树看看，仿佛在自家后花园里一样。

最初听王健老师说黑杨，我还以为整棵树都是黑色的，像黑暗森林里某种比较阴郁的高大树木，结果当高大且姿态优美的黑杨呈现在眼前时才知道，只不过皱皱巴巴的树皮以黑灰色为主，而叶片和枝条都葱茏向上，呈现出一派欣欣向荣的姿态。而且，叶片在阳光映衬下还格外翠绿，一点儿也不阴郁。在河谷林中，显得高大且俊美，一副玉树临风的模样，完全称得上是这河谷林里的"帅哥"。在河谷林中穿梭，王健老师看到有枯死的粗壮黑杨，心情要沮丧好一阵子。看到成片的黑杨新生苗，又赶紧过去瞧一瞧，看看是属于种子萌发的新生苗，还是根蘖萌发的新生苗。我们对黑杨的了解，也大多来自他的介绍。

群芳谱　黑杨：世界杨树基因库里的 shuaige 帅哥

苦杨的叶片和种子　王健摄　　　　额尔齐斯河畔，细密的杨絮散落一地　王健摄

额尔齐斯河畔的杨树基因库临水而居 王健摄

飘絮的银白杨 王健摄

黑杨是欧亚大陆河谷林中黑杨的唯一代表种，广泛分布于欧洲、非洲北部、亚洲中部和西部。因为它具有早期速生、材性好等特点，是世界主栽杨树品种的重要父本基因供体，在我国杨树遗传改良和新品种培育中有重要作用。又因其圆柱状的树冠和高耸挺拔的树形，很多地方将其人工培育后作为园林绿化树或行道树。我们在很多电影和纪录片里可以看到，几百年前不少欧洲庄园的行道树，用的就是黑杨。

作为普通人对其的了解，不过泛泛而已。可是额尔齐斯河河谷的野生杨树种群作为"世界杨树基因库"，对相关研究者的吸引力不言而喻，曾先后有多个科考队专门前往展开调查。

2000年开始，国内多个团队的林业专家先后选取14个欧洲国家和我国额尔齐斯河流域的118个黑杨品种进行基因资源研究，以期为杨树新品种选育提供优良亲本材料。

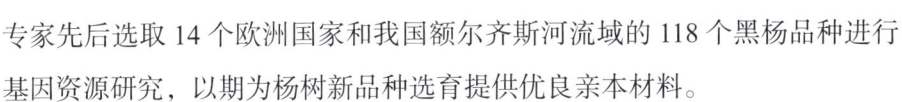

2013年，中国林业科学研究院专家对额尔齐斯河河谷林中的杨树资源进行了综合调查。他们在位于新疆哈巴河县比列孜河口的黑杨天然居群分布区，开展了遗传多样性和遗传分化的研究。发现额尔齐斯河河谷林里的黑杨呈小块状和星散状分布，有97.57%的遗传变异存在于居群内，具有较高的遗传多样性和较低的遗传分化，这种情况与其雌雄异株、异花风媒授粉的机制相关。而科学家通过遗传多样性对比分析得出，额尔齐斯河流域的黑杨可能是世界上较为纯正的黑杨种。

2020年有关科研人员在额尔齐斯河布尔津至北屯河段区域，对5种主

▲ 泡在额尔齐斯河河漫滩中的黑杨　王健摄

要杨树天然林生物量和器官养分含量进行分析调查，结果显示，额尔齐斯河河谷林中的杨树天然林平均碳含量分布为72.81吨/平方公里，高于全国森林平均碳含量水平（35~39吨/平方公里），说明这一区域的杨树天然林具有丰富的碳储量和碳汇资源。

2023年5月，第三次新疆科考额尔齐斯河流域河谷林植物多样性调查科考队在额尔齐斯河流域河谷林进行了重要植物物种繁殖材料、遗传资源样品及生物标本的采集，共标记或采集了43个杨柳科植物居群的207株个体。他们的调查资料显示：20世纪50年代末，额尔齐斯河流域的河谷林面积达75万亩，到了20世纪80年代初期，额尔齐斯河流域河谷林面积仅为

穿越山野深处 科考博物观察笔记

▲ 科考队采集的欧洲黑杨、额河杨、苦杨的叶片与种子标本　王健摄

28.5 万亩。而目前，整个阿勒泰地区的河谷林面积已不足 21 万亩。

河谷林面积的萎缩，必然造成这里生态环境衰退。王健老师介绍，近年来由于放牧、河谷林老化及全球变暖、气候干旱、额尔齐斯河水量减少等因素的影响，河谷林出现生长衰退，甚至流域局部区域出现野生树种枯死、新生苗保存率不高、病虫害严重等情况。

杨树天然物种"基因库"面临严峻考验，这是河谷生态建设无法回避的生态环境话题。对此，所有参与相关研究的科学家提出了一致性的建议：尽快收集优良的杨树种质资源，开展杨树种质的迁地保护，确保其得到有效保护。期望通过各种积极措施，使这个"世界杨树基因库"长久存在下去。

参考文献

[1] 杨成超.欧洲黑杨高生长相关基因 *PnIAA9* 的克隆及进化分析 [J].辽宁林业科技，2021, 309(5): 1-6, 30, 78.

[2] 付志祥，金培林，杨爱国，等.额尔齐斯河欧洲黑杨叶片特征的研究 [J].吉林林业科技, 2019, 48(6): 18-20, 24.

[3] 李爱平，王晓江，苏雅拉巴雅尔，等.欧洲黑杨抗逆性优良品种基因库种质资源 10 年总结 [J].内蒙古林业科技, 2018, 44(3): 29-38.

[4] 郑书星，张建国，何彩云，等.新疆额尔齐斯河流域苦杨与欧洲黑杨遗传多样性分析 [J].林业科学研究, 2014, 27(3): 295-301.

[5] 宋经纬，徐子然，陈家鑫，等.新疆额尔齐斯河流域杨树天然林的养分含量分析 [J].干旱区研究, 2021, 38(5): 1429-1435.

[6] 褚延广，苏晓华，黄秦军，等.欧洲黑杨基因资源光合生理特征与生长的关系 [J].林业科学，2010, 46(7): 77-83.